城镇供水行业职业技能培训系列丛书

泵站机电设备维修工考试大纲及习题集

Pump Station and Electro-mechanical Equipment Repairers:
Exam Outline and Exercise

南京水务集团有限公司　主编

中国建筑工业出版社

图书在版编目（CIP）数据

泵站机电设备维修工考试大纲及习题集 = Pump Station and Electro-mechanical Equipment Repairers：Exam Outline and Exercise / 南京水务集团有限公司主编. — 北京：中国建筑工业出版社，2023.2

（城镇供水行业职业技能培训系列丛书）

ISBN 978-7-112-28307-1

Ⅰ.①泵… Ⅱ.①南… Ⅲ.①泵站－机电设备－维修－技术培训－考试大纲②泵站－机电设备－维修－技术培训－习题集 Ⅳ.①TV675

中国国家版本馆CIP数据核字(2023)第017434号

为了更好地贯彻实施《城镇供水行业职业技能标准》CJJ/T 225－2016，并进一步提高供水行业从业人员职业技能，南京水务集团有限公司主编了《城镇供水行业职业技能培训系列丛书》。本书为丛书之一，以泵站机电设备维修工岗位应掌握的知识为指导，由考试大纲、习题集和模拟试卷、参考答案等内容组成。

本书可用于城镇供水行业职业技能培训教学使用，也可作为行业职业技能大赛命题的参考依据。

责任编辑：李 雪 杜 洁 胡明安
责任校对：李美娜

城镇供水行业职业技能培训系列丛书
泵站机电设备维修工考试大纲及习题集
Pump Station and Electro-mechanical Equipment Repairers：
Exam Outline and Exercise
南京水务集团有限公司 主编

*

中国建筑工业出版社出版、发行（北京海淀三里河路9号）
各地新华书店、建筑书店经销
北京红光制版公司制版
北京建筑工业印刷厂印刷

*

开本：787毫米×1092毫米 1/16 印张：10¼ 字数：253千字
2023年2月第一版 2023年2月第一次印刷
定价：**38.00**元
ISBN 978-7-112-28307-1
(40612)

版权所有 翻印必究
如有印装质量问题，可寄本社图书出版中心退换
（邮政编码100037）

《城镇供水行业职业技能培训系列丛书》编审委员会

主　　编：周克梅
审　　定：许红梅
委　　员：周卫东　周　杨　陈志平　竺稽声　戎大胜　祖振权
　　　　　臧千里　金　陵　王晓军　李晓龙　赵　冬　孙晓杰
　　　　　张荔屏　刘海燕　杨协栋　张绪婷
主编单位：南京水务集团有限公司
参编单位：江苏省城镇供水排水协会

本书编委会

主　　编：戎大胜
副 主 编：李登辉　周陆杰
参　　编：丁文勇　肖　望　刘　恒　吴家伟

《城镇供水行业职业技能培训系列丛书》
序　言

　　城镇供水，是保障人民生活和社会发展必不可少的物质基础，是城镇建设的重要组成部分，而供水行业从业人员的职业技能水平又是供水安全和质量的重要保障。1996年，中国城镇供水协会组织编制了《供水行业职业技能标准》，随后又编写了配套培训丛书，对推进城镇供水行业从业人员队伍建设具有重要意义。随着我国城市化进程的加快，居民生活水平不断提升，生态环境保护要求日益提高，城镇供水行业的发展迎来新机遇、面临更大挑战，同时也对行业从业人员提出了更高的要求。我们必须坚持以人为本，不断提高行业从业人员综合素质，以推动供水行业的进步，从而使供水行业能适应整个城市化发展的进程。

　　2007年，根据原建设部修订有关工程建设标准的要求，由南京水务集团有限公司主要承担《城镇供水行业职业技能标准》的编制工作。南京水务集团有限公司，有近百年供水历史，一直秉承"优质供水、奉献社会"的企业精神，职工专业技能培训工作也坚持走在行业前端，多年来为江苏省内供水行业培养专业技术人员数千名。因在供水行业职业技能培训和鉴定方面的突出贡献，南京水务集团有限公司曾多次受省、市级表彰，并于2008年被人力资源和社会保障部评为"国家高技能人才培养示范基地"。2012年7月，由南京水务集团有限公司主编，东南大学、南京工业大学等参编的《城镇供水行业职业技能标准》完成编制，并于2016年3月23日由住房和城乡建设部正式批准为行业标准，编号为CJJ/T 225—2016，自2016年10月1日起实施。该标准的颁布，引起了行业内广泛关注，国内多家供水公司对《城镇供水行业职业技能标准》给予了高度评价，并呼吁尽快出版《城镇供水行业职业技能标准》配套培训教材。

　　为更好地贯彻实施《城镇供水行业职业技能标准》，进一步提高供水行业从业人员职业技能，自2016年12月起，南京水务集团有限公司又启动了《城镇供水行业职业技能标准》配套培训系列丛书的编写工作。考虑到培训系列教材应对整个供水行业具有适用性，中国城镇供水排水协会对编写工作提出了较为全面且具有针对性的调研建议，也多次组织专家会审，为提升培训教材的准确性和实用性提供技术指导。历经两年时间，通过广泛调查研究，认真总结实践经验，参考国内外先进技术和设备，《城镇供水行业职业技能标准》配套培训系列丛书终于顺利完成编制，即将陆续出版。

　　该系列丛书围绕《城镇供水行业职业技能标准》中全部工种的职业技能要求展开，结合我国供水行业现状、存在问题及发展趋势，以岗位知识为基础，以岗位技能为主线，坚持理论与生产实际相结合，系统阐述了各工种的专业知识和岗位技能知识，可作为全国供水行业职工岗位技能培训的指导用书，也能作为相关专业人员的参考资料。《城镇供水行业职业技能标准》配套培训教材的出版，可以填补供水行业职业技能鉴定中新工艺、新技术、新设备的应用空白，为提高供水行业从业人员综合素质提供了重要保障，必将对整个供水行业的蓬勃发展起到极大的促进作用。

中国城镇供水排水协会

2018 年 11 月 20 日

《城镇供水行业职业技能培训系列丛书》
前　　言

城镇供水行业是城镇公用事业的有机组成部分，对提高居民生活质量、保障社会经济发展起着至关重要的作用，而从业人员的职业技能水平又是城镇供水质量和供水设施安全运行的重要保障。1996 年，按照国务院和劳动部先后颁发的《中共中央关于建立社会主义市场经济体制若干规定》和《职业技能鉴定规定》有关建立职业资格标准的要求，建设部颁布了《供水行业职业技能标准》，旨在着力推进供水行业技能型人才的职业培训和资格鉴定工作。通过该标准的实施和相应培训教材的陆续出版，供水行业职业技能鉴定工作日趋完善，行业从业人员的理论知识和实践技能都得到了显著提高。随着国民经济的持续、高速发展，城镇化水平不断提高，科技发展日新月异，供水行业在净水工艺、自动化控制、水质仪表、水泵设备、管道安装及对外服务等方面都发展迅速，企业生产运营管理也显著进步，这就使得职业技能培训和鉴定工作逐渐滞后于整个供水行业的发展和需求。因此，为了适应新形势的发展，2007 年原建设部制定了《2007 年工程建设标准规范制订、修订计划（第一批）》，经有关部门推荐和行业考察，委托南京水务集团有限公司主编《城镇供水行业职业技能标准》，以替代 96 版《供水行业职业技能标准》。

2007 年 8 月，南京水务集团精心挑选 50 名具备多年基层工作经验的技术骨干，并联合东南大学、南京工业大学等高校和省住建系统的 14 位专家学者，成立了《城镇供水行业职业技能标准》编制组。通过实地考察调研和广泛征求意见，编制组于 2012 年 7 月完成了《供水行业职业技能标准》的编制，后根据住房和城乡建设部标准定额司、人事司及市政给水排水标准化技术委员会等的意见，进行修改完善，并于 2015 年 10 月将《供水行业职业技能标准》中所涉工种与《中华人民共和国职业分类大典》（2015 版）进行了协调。2016 年 3 月 23 日，《城镇供水行业职业技能标准》由住房城乡建设部正式批准为行业标准，编号为 CJJ/T 225—2016，自 2016 年 10 月 1 日起实施。

《供水行业职业技能标准》颁布后，引起供水行业的广泛关注，不少供水企业针对《供水行业职业技能标准》的实际应用提出了问题：如何与生产实际密切结合，如何正确理解把握新工艺、新技术，如何准确应对具体计算方法的选择，如何避免因传统观念陷入故障诊断误区等。为了配合《城镇供水行业职业技能标准》在全国范围内的顺利实施，2016 年 10 月，南京水务集团启动《城镇供水行业职业技能培训系列丛书》的编写工作。编写组在综合国内供水行业调研成果以及企业内部多年实践经验的基础上，针对目前供水行业理论和工艺、技术的发展趋势，充分考虑职业技能培训的针对性和实用性，历时两年多，完成了《城镇供水行业职业技能培训系列丛书》的编写。

《城镇供水行业职业技能培训系列丛书》一共包含了 10 个工种，除《中华人民共和国职业分类大典》（2015 版）中所涉及的 8 个工种，即自来水生产工、化学检验员（供水）、供水泵站运行工、水表装修工、供水调度工、供水客户服务员、仪器仪表维修工（供水）、供水管道工之外，还有《中华人民共和国职业分类大典》（2015 版）中未涉及但在供水行业中较为重要的泵站机电设备维修工、变配电运行工 2 个工种。

《城镇供水行业职业技能培训系列丛书》在内容设计和编排上具有以下特点：（1）整体分为基础理论和基本知识、专业知识和操作技能、安全生产知识共三大部分，各部分占比约为 3∶6∶1；（2）重点介绍国内供水行业主流工艺、技术、设备，对已经过时和应用较少的技术及设备只作简单说明；（3）重点突出岗位专业技能和实际操作，对理论知识只讲应用，不作深入推导；（4）重视信息和计算机技术在各生产岗位的应用，为智慧水务的发展奠定基础。《城镇供水行业职业技能培训系列丛书》既可作为全国供水行业职工岗位技能培训的指导用书，也能作为相关专业人员的参考资料。

《城镇供水行业职业技能培训系列丛书》在编写过程中，得到了中国城镇供水排水协会的指导和帮助，刘志琪秘书长对编写工作提出了全面且具有针对性的调研建议，也多次组织专家会审，为提升培训教材的准确性和实用性提供了技术指导；东南大学张林生教授全程指导丛书编写，对每个分册的参考资料选取、体量结构、理论深度、写作风格等提出大量宝贵的意见，并作为主要审稿人对全书进行数次详尽的审阅；中国生态城市研究院智慧水务中心高雪晴主任协助编写组广泛征集意见，提升教材适用性；深圳水务集团，广州水投集团，长沙水业集团，重庆水务集团，北京市自来水集团，太原供水集团等国内多家供水企业对编写及调研工作提供了大力支持，值此《城镇供水行业职业技能培训系列丛书》付梓之际，编写组一并在此表示最真挚的感谢！

《城镇供水行业职业技能培训系列丛书》编写组水平有限，书中难免存在错误和疏漏，恳请同行专家和广大读者批评指正。

南京水务集团有限公司
2019 年 1 月 2 日

前 言

本书是《泵站机电设备维修工基础知识与专业实务》的配套用书，由考试大纲、习题集和模拟试卷、参考答案等内容组成。

本书的内容设计和编排有以下特点：(1)考试大纲深入贯彻《城镇供水行业职业技能标准》CJJ/T 225—2016，具备行业权威性；(2)习题集对照《泵站机电设备维修工基础知识与专业实务》进行编写，针对性和实用性强；(3)习题内容丰富，形式灵活多样，有利于提高学员学习兴趣；(4)习题集力求循序渐进，由浅入深，整体理论难度适中，重点突出实践，方便教学安排和学员理解掌握。

本书可用于城镇供水行业职业技能培训教学使用，也可作为行业职业技能大赛命题的参考依据和供水从业人员学习的参考资料。

本书在编写过程中，得到了多位同行专家和高校老师的热情帮助和支持，特此致谢！由于编者水平有限，不妥与错漏之处在所难免，恳请读者批评指正。

泵站机电设备维修工编写组

2022 年 10 月

目 录

第一部分 考试大纲 ·· 1
职业技能五级泵站机电设备维修工考试大纲 ·· 3
职业技能四级泵站机电设备维修工考试大纲 ·· 4
职业技能三级泵站机电设备维修工考试大纲 ·· 6

第二部分 习题集 ·· 7
第1章 机械学基础理论 ··· 9
第2章 工程材料知识 ··· 14
第3章 电气基础理论 ··· 17
第4章 钳工基础知识 ··· 23
第5章 电工基本知识 ··· 29
第6章 机械设备修理装配技术 ··· 34
第7章 供电设备及电气系统 ·· 38
第8章 供水主要机电设备及安装 ·· 50
第9章 供水主要机电设备维修 ··· 62
第10章 供水企业的节电技术 ··· 72
第11章 机电维修安全技术 ··· 76
第12章 安全管理制度及事故隐患的处理 ··· 82
泵站机电设备维修工（五级 初级工）理论知识试卷 ··· 85
泵站机电设备维修工（四级 中级工）理论知识试卷 ··· 94
泵站机电设备维修工（三级 高级工）理论知识试卷 ··· 102
泵站机电设备维修工（五级 初级工）操作技能试题 ··· 111
泵站机电设备维修工（四级 中级工）操作技能试题 ··· 116
泵站机电设备维修工（三级 高级工）操作技能试题 ··· 121

第三部分 参考答案 ·· 129
第1章 机械学基础理论 ··· 131
第2章 工程材料知识 ··· 132
第3章 电气基础理论 ··· 133
第4章 钳工基础知识 ··· 134
第5章 电工基本知识 ··· 136

第 6 章　机械设备修理装配技术 ·· 138
第 7 章　供电设备及电气系统 ·· 139
第 8 章　供水主要机电设备及安装 ·· 141
第 9 章　供水主要机电设备维修 ··· 143
第 10 章　供水企业的节电技术 ··· 145
第 11 章　机电维修安全技术 ·· 147
第 12 章　安全管理制度及事故隐患的处理 ··································· 149
泵站机电设备维修工（五级　初级工）理论知识试卷参考答案 ·········· 150
泵站机电设备维修工（四级　中级工）理论知识试卷参考答案 ·········· 151
泵站机电设备维修工（三级　高级工）理论知识试卷参考答案 ·········· 152

第一部分 考试大纲

职业技能五级泵站机电设备维修工考试大纲

1. 掌握工器具的安全使用方法
2. 熟悉防护用品的功用
3. 了解安全生产基本法律法规
4. 电气安全及相关防护知识
5. 电机及其他低压电气设备的一般知识
6. 钳工的常用工具使用知识及基本操作技能
7. 普通水泵特性、结构的相关知识
8. 常用润滑油、润滑脂、冷却液的种类及用途基本知识
9. 电工常用器材、仪表、工具的使用知识
10. 机泵、阀门安装的基本知识
11. 电气设备、机械设备安装常识
12. 一般简单的电气原理图、接线图基本知识及相关手册查阅方法
13. 能对作业过程的环境及文明生产进行准备，达到作业实施的要求
14. 能根据技术图纸对小型异步电动机进行维护、保养
15. 能正确进行电气设备倒闸操作
16. 能根据物件的规格、形状、重量，合理选用起重工具，正确捆绑钢丝绳，安全搬运一般机件
17. 能按照图纸要求，组装及维修简单的照明线路
18. 能根据清单，对小型异步电动机、低压电气线路设备的安装做相关的物质、材料、仪器、仪表工具的准备
19. 能根据清单，对水泵等制水设备的小修做相关仪器、仪表及工具的准备工作
20. 能在技术人员指导下，处理小型设备安装、维修工作中的一般技术问题
21. 能在技术人员指导下，完成小型机泵的设备小修工作
22. 能基本掌握一般低压电气设备小修后的检查要点
23. 能根据相关仪表指示，对运行过程中的一般不正常现象做出准确判断，确保设备正常、安全运行

职业技能四级泵站机电设备维修工考试大纲

1. 掌握本工种安全操作规程
2. 熟悉安全生产基本常识及常见安全生产防护用品的功用
3. 了解安全生产基本法律法规
4. 不同作业对于生产现场的相关要求
5. 电气安全及相关防护知识
6. 低压电气设备、变压器、电动机的相关知识
7. 变配电一、二次系统相关知识
8. 水泵、电动机机组安装的相关知识
9. 机械传动机构的装配知识
10. 异步电动机的常用启动方法相关知识
11. 电工器材、仪表、工具的使用知识和保管方法
12. 钳工各种量具的使用及保管知识
13. 电动机、水泵、阀门装配相关知识
14. 电动机、变压器、低压开关柜等主要电气设备的相关知识
15. 低压电气设备及机械设备原理图，一、二次电气图相关知识
16. 电气设备安装及运行相关规范
17. 机械设备安装及运行相关规范
18. 相关手册查阅方法
19. 变频器、可编程控制器的基本知识
20. 能对作业全过程的环境及文明生产进行检查准备，达到作业实施的要求
21. 能对 315kVA 及以下的变压器进行吊芯检查
22. 能对 55kW 及以下交流电动机进行检修、试车及故障排除
23. 能读懂供水设备的装配图及说明书，正确进行装配
24. 能按照技术图纸要求，进行低压开关柜的布线和安装
25. 能对 55kW 及以下电动机、低压电气线路设备的安装做相关的物质、材料、仪器、仪表工具的准备
26. 能对水泵等制水设备的安装做相关仪器、仪表及工具的准备工作
27. 能处理设备安装、维修工作中的一般技术问题
28. 能对低压保护装置进行整定
29. 能对主要的电气设备，包括电动机、变压器、低压开关柜进行维修及组件更新
30. 能完成中小型水泵、阀门等主要供水设备的维修及组件更新
31. 掌握低压电气系统、设备大修后的常规检查，各单体设备运行前检查的要点

32. 掌握中型机泵设备保养、检查的一般技术

33. 能对单体设备在运行过程中出现的不正常现象做出准确判断,根据有关图纸查找故障,确保设备及系统正常运行

34. 能对单体设备在运行过程中出现的缺陷进行技术改进,消除缺陷,确保设备及系统正常运行

职业技能三级泵站机电设备维修工考试大纲

1. 掌握本工种安全操作规程及安全施工措施
2. 熟悉安全生产基本常识及常见安全生产防护用品的功用
3. 了解安全生产基本法律法规
4. 安全检查的内容、方法和目的
5. 作业组内各配合工种的安全操作规程
6. 机泵检修、安装的标准和规范
7. 水厂常用机械设备及传动装置的工作原理、结构及装配要求
8. 电气设备控制保护系统的运行与维修
9. 电工测量仪器、仪表的构造原理及应用知识
10. 钳工测量仪器、仪表的应用知识
11. 安全用具知识
12. 水泵机组安装和调试知识
13. 电气设备安装环境、场地知识
14. 机械及辅助设备的有关知识
15. 安装工作的组织、管理及材料的搬运保管
16. 水厂常用机电设备的国家规范和标准
17. 电气设备的试验和保护校验知识
18. 水泵运行与维修知识
19. 电动机的运行与维修知识
20. 机械零件的结构与修复知识
21. 电气系统和设备的维修规范和标准知识
22. 配套辅助仪表的检查知识
23. 机械运行的监测
24. 电气运行的监测
25. 相关技术标准
26. 质量管理知识
27. 班组生产管理知识
28. 设备维修计划知识
29. 安全生产知识
30. 电气防火、消防和触电急救知识

第二部分　习题集

東洋文庫 二十八

第1章　机械学基础理论

一、单选题

1. 普通平键连接是靠键与键槽（　　）接触来传递运动与动力。
   A　两侧面　　　　B　顶面　　　　　C　底面　　　　　D　侧面与底面
2. 以下不属于平键连接的特点是（　　）。
   A　靠平键的两侧面传递转矩
   B　键的两侧面是工作面
   C　对中性差
   D　键的上表面与轮毂上的键槽底面留有间隙，以便装配
3. 以下不属于平键的是（　　）。
   A　普通平键　　　B　花键　　　　　C　导向平键　　　D　滑键
4. 以下属于半圆键连接的特点是（　　）。
   A　键的上表面与轮毂上的键槽底面留有间隙，以便装配
   B　多齿承载，承载能力高
   C　齿浅，对轴的强度削弱小
   D　键槽对轴的强度削弱较大，只适用轻载连接
5. 既能承受弯矩，又能承受扭矩的轴是（　　）。
   A　心轴　　　　　B　传动轴　　　　C　转轴　　　　　D　挠性轴
6. 下面不是滚动轴承特点的是（　　）。
   A　摩擦较小　　　B　润滑方便　　　C　高速噪声大　　D　承载能力好
7. 下面不是滑动轴承特点的是（　　）。
   A　工作可靠　　　　　　　　　　　　B　噪声较大
   C　工作平稳　　　　　　　　　　　　D　启动摩擦阻力较大
8. 轴承是用来支撑轴的，根据支撑面的（　　），轴承可分为滑动轴承和滚动轴承。
   A　滚动体　　　　B　摩擦性质　　　C　结构　　　　　D　运动件数
9. 以下不属于滚动轴承的结构是（　　）。
   A　轴承座　　　　B　内圈　　　　　C　滚动体　　　　D　外圈
10. 把两根轴联在一起，在动态中不能结合与分离且传递运动与动力的部件是（　　）。
    A　制动器　　　　B　离合器　　　　C　联轴器　　　　D　螺旋
11. 把两根轴联在一起传递运动与动力，且在动态下可以随时接合与分离的部件是（　　）。
    A　联轴器　　　　B　离合器　　　　C　制动器　　　　D　游轮

12. 利用摩擦力，使机器上的转动零件迅速停止的转动装置是（   ）。
   A 制动器   B 离合器   C 联轴器   D 螺旋
13. 能使两根轴的轴线满足良好的同轴度，并在工作中不发生相对位移的联轴器称为（   ）联轴器。
   A 方向   B 可移式   C 安全   D 固定式
14. 靠弹性元件的弹性变形来补偿两轴轴线相对位移的联轴器是（   ）。
   A 凸缘联轴器   B 套筒联轴器   C 弹性联轴器   D 齿式联轴器
15. 将两个部件的轴联在一起传递运动与动力，且利用其内零件的间隙来补偿两轴间一定的相对位移的联轴器是（   ）联轴器。
   A 可移式弹性   B 固定式   C 套筒式   D 可移式刚性
16. 以下不是摩擦式离合器的是（   ）。
   A 牙嵌式离合器   B 多圆盘摩擦离合器
   C 圆锥式摩擦离合器   D 单圆盘摩擦离合器
17. 离合器的作用是（   ）。
   A 能实现轴与轴之间的连接、分离，从而实现动力的传递和中断
   B 利用摩擦力矩来实现对运动零件的制动
   C 用于轴与轴之间的连接，使它们一起回转并传递扭矩
   D 用于轴与轴之间的连接，使它们一起回转并传递能量
18. 供水泵站中水泵与电动机连接的部件是（   ）。
   A 离合器   B 齿轮   C 联轴器   D 链条
19. 联轴器不具有的功能是（   ）。
   A 可靠传递运动和转矩
   B 轴偏移的补偿
   C 吸振缓冲
   D 能实现轴与轴之间的连接、分离，从而实现动力的传递和中断
20. 润滑油是从石油中提炼而来，组成石油的主要元素是碳和（   ）。
   A 氢   B 氧   C 硅   D 硫
21. 润滑油的作用主要有（   ）①润滑②冷却③清洁洗涤④密封⑤防锈⑥绝缘。
   A ①②③④⑥   B ①③④⑤⑥   C ①②④⑤⑥   D ①②③④⑤
22. 润滑油一般由基础油和（   ）两部分组成。基础油是润滑油的主要成分，决定着润滑油的基本性质。
   A 基础脂   B 碳氢元素   C 添加剂   D 调和剂
23. 以下不是润滑油的作用的是（   ）。
   A 润滑   B 散热   C 绝缘   D 传递能量
24. 以下不是绝缘油的作用的是（   ）。
   A 绝缘   B 散热   C 消弧   D 传递能量
25. 稠化剂可分为皂基和非皂基两类，下列属于非皂基的是（   ）。
   A 石墨   B 钠   C 铝   D 锂
26. 将稠化剂均匀地分散在润滑油中，得到一种黏稠半流体胶状的物质，这种物质被

统称为( )。
　　A 沥青　　　　B 柴油　　　　C 调和剂　　　　D 润滑脂
27. 通用锂基润滑脂一般用在温度－20～120℃内各种机械设备的滚动轴承和滑动轴承及其他摩擦部位的润滑，其分为1号、2号、3号，其牌号越高黏度( )。
　　A 越高　　　　B 越低　　　　C 相同　　　　D 随机
28. 以下不属于带传动特点的是( )。
　　A 带是挠性件，具有弹性，能够缓和冲击、吸收振动，工作平稳，噪声小
　　B 传动过载时，带相对于小带轮打滑，因而可以保护其他零件免受损坏
　　C 带传动结构简单，对制造、安装要求不高，工作时不需要润滑，因而成本较低
　　D 带传动靠摩擦力传递动力，传动效率高
29. 传动具有良好弹性，可以吸振，缓冲，但传动不恒定的是( )传动。
　　A 螺旋传动　　B 带传动　　　C 链传动　　　D 齿轮传动
30. 圆柱齿轮传动用于两轴线( )之间传动。
　　A 相交　　　　B 交叉　　　　C 平行　　　　D 斜交
31. 两轴线在同一平面内成直角相交的齿轮传动是( )。
　　A 圆柱齿轮　　B 圆锥齿轮　　C 蜗轮蜗杆　　D 齿轮齿条
32. 利用内、外螺纹组成的螺旋副来传递运动和动力的传动装置，称为( )。
　　A 旋转传动　　B 螺旋传动　　C 蜗轮传动　　D 往复传动
33. 螺旋传动可以很方便地把主动件的回转运动转变为从动件的( )运动。
　　A 摆动　　　　B 交叉　　　　C 直线往复　　D 平行
34. 螺旋传动中，从动件移动距离由( )决定。
　　A 螺距　　　　　　　　　　　B 导程
　　C 转速，导程和头数　　　　　D 头数
35. 下列( )是以液体作为工作介质，并利用液体的压力实现机械设备的运动或能量传递和控制功能。
　　A 带传动　　　B 螺旋传动　　C 齿轮传动　　D 液压传动
36. 控制液压系统压力或利用压力作为信号来控制其他元件动作的阀称为( )。
　　A 单向阀　　　B 换向阀　　　C 压力控制阀　D 流量控制阀
37. 机械零件图的零件名称、图号、材料、比例、制图人及日期，可从零件图的( )中了解到。
　　A 视图　　　　B 标题栏　　　C 技术要求　　D 说明
38. 以下关于零件图的识读描述，错误的是( )。
　　A 从标题栏中了解零件的名称、材料和功用
　　B 凡有剖视、断面处要找到剖切平面位置
　　C 在对零件图进行识读时，应先进行形体分析和线面分析，再进行表达方案分析
　　D 有局部视图和斜视图的地方必须找到表示投影部位的字母和表示投影方向的箭头
39. 尺寸标注中的符号：R 表示( )。
　　A 半径　　　　B 直径　　　　C 圆周　　　　D 圆弧
40. 下列关于尺寸标注的说法，错误的是( )。

A 标注水平尺寸时，尺寸数字的字头方向应向上
B 标注垂直尺寸时，尺寸数字的字头方向应向左
C 角度的尺寸数字一律按水平位置书写
D 当任何图线穿过尺寸数字时都必须连续

41. 将机件的部分结构用大于原图形的比例画出的图形，称为（　　）。
    A 主视图　　　　B 简化图　　　　C 局部放大图　　D 剖面图
42. 下列不属于基本视图的是（　　）。
    A 主视图　　　　B 俯视图　　　　C 左视图　　　　D 剖面图
43．"∇"符号表示（　　）获得表面。
    A 去除材料方法　B 不去除材料方法　C 铸造　　　　D 锻造
44．"∇"符号表示（　　）获得表面。
    A 去除材料方法　B 不去除材料方法　C 车削　　　　D 铣削
45. 下列关于选择零件图主视图的原则说法，错误的是（　　）。
    A 能够正确、完整、清晰地表达零件各部分的结构
    B 能够表示安装或工作位置
    C 能够表示加工位置
    D 能够表示结构形状特征

二、多选题

1. 润滑油的作用主要有（　　）。
   A 润滑　　　　　　　　　B 冷却
   C 清洁洗涤　　　　　　　D 密封
   E 防锈
2. 常见的剖面图有（　　）。
   A 全剖面图　　　　　　　B 半剖面图
   C 局部剖面图　　　　　　D 左剖面图
   E 右剖面图

三、判断题

（　）1. 机械传动的方式主要有摩擦轮传动、带传动、螺旋传动、链传动、齿轮传动以及液压传动。
（　）2. 转轴在工作时既承受弯曲载荷又传递转矩，但轴的本身并不转动。
（　）3. 滑动轴承安装要保证轴颈在轴承孔内转动灵活、准确、平稳。
（　）4. 整体式滑动轴承损坏时，一般都采用修复的方法。
（　）5. 键连接主要用来连接轴和轴上的传动零件，实现周向固定并传递转矩。
（　）6. 滚动轴承的结构由内圈、外圈和保持架组成。
（　）7. 离合器的作用是实现轴与轴之间的连接、分离，从而实现动力的传递和中断。

(　　) 8. 与齿轮传动相比，带传动适应于中心距较大的场合；但尺寸不紧凑，且轴上压力大。

(　　) 9. 齿轮传动可以用来传递空间任意两轴的运动，且传动准确可靠、寿命长，但传递功率小。

(　　) 10. 螺旋传动是可以将主动件的回转运动转变成从动件的往复直线运动。

(　　) 11. 在液压系统中，用以控制液流的方向的阀，称为方向控制阀，简称方向阀。按其功能不同，可分为单向阀和换向阀两大类。

(　　) 12. 润滑油的牌号用数字表示，数值越大，黏度越低。

(　　) 13. 机械设备的润滑一般采用润滑油和润滑脂。

(　　) 14. 钙基润滑脂属于非皂基润滑脂。

(　　) 15. 两个具有相对运动的结合面之间的密封称为静密封。

(　　) 16. 填料又名盘根，在轴封装置中起着阻水或阻气的密封作用。

(　　) 17. 主视图是由前向后投射所得的视图，它反映形体的上下和左右方位，即主视方向。

(　　) 18. 一张完整的零件图，只需具有表示形状的图形，其他技术要求或资料可不注明。

(　　) 19. 在装配图中画清楚各零件的视图轮廓，是弄清装配关系和工作原理的基础，也是识读装配图的关键工作。

(　　) 20. 公差带代号由基本偏差代号与公差等级数字组成。

第 2 章 工程材料知识

一、单选题

1. 金属材料的性能中，（ ）是指金属材料为保证机械零件或工具正常工作应具备的性能，即在使用过程中所表现出的特性。
   A 工艺性能　　　B 使用性能　　　C 力学性能　　　D 物理性能

2. 金属材料的（ ）是指金属在不同环境因素（温度、介质）下，承受外加载荷作用时所表现的行为。这种行为通常表现为金属的变形和断裂。
   A 工艺性能　　　B 使用性能　　　C 力学性能　　　D 物理性能

3. 金属材料的（ ）是指金属在制造机械零件和工具的过程中，适应各种冷、热加工的能力，也就是金属材料采用某种加工方法制成成品的难易程度，主要包括金属的铸造性能、锻压性能、焊接性能、热处理性能和切削加工性能等。
   A 工艺性能　　　B 使用性能　　　C 力学性能　　　D 物理性能

4. 用来制造既要有优良的耐磨性、耐疲劳性，又要承受冲击载荷的作用而有足够高的韧性和足够高强度的零件，如汽车、拖拉机中的变速齿轮、内燃机上的凸轮轴、活塞销等的是（ ）。
   A 合金工具钢　　B 合金渗碳钢　　C 合金调质钢　　D 合金弹簧钢

5. 金属防腐中，（ ）将金属和腐蚀介质分隔开来，以达到防腐的目的，如电镀、喷镀；油漆、搪瓷。
   A 提高金属内在抗腐蚀性　　　　　B 涂或镀金属和非金属保护层
   C 处理腐蚀介质　　　　　　　　　D 电化学保护

6. 金属防腐中（ ）可以利用表面热处理（渗铬、渗铝、渗氮等），使金属表面产生一层耐腐蚀性强的表面层。
   A 提高金属内在抗腐蚀性　　　　　B 涂或镀金属和非金属保护层
   C 处理腐蚀介质　　　　　　　　　D 电化学保护

7. 金属防腐中（ ）经常采用牺牲阳极法，即用电极电位较低的金属与被保护的金属接触，使被保护的金属成为阴极而不被腐蚀。
   A 提高金属内在抗腐蚀性　　　　　B 涂或镀金属和非金属保护层
   C 处理腐蚀介质　　　　　　　　　D 电化学保护

8. 力学性能良好，在各种环境（如高温、低温、腐蚀、应力等）下均能保持良好的力学性能、电性能、化学性能以及耐热性、耐磨性和尺寸稳定性等的是（ ）。
   A 通用塑料　　　B 工程塑料　　　C 特殊塑料　　　D 热固性塑料

9. 在机械零件的失效形式中，约有（ ）是疲劳断裂所造成的。
   A 20%　　　　　B 40%　　　　　C 60%　　　　　D 80%

10. 下列不属于金属材料的物理性能的是（　　）。
   A　膨胀性　　　　B　导热性　　　　C　导电性　　　　D　抗氧化性
11. 金属与电解质溶液构成微电池而引起的腐蚀称为（　　）。
   A　化学腐蚀　　　B　电化学腐蚀　　C　氧化腐蚀　　　D　物理腐蚀
12. 橡胶制品的主要组成物，也是粘合各种配合剂和骨架材料的胶合剂的是（　　）。
   A　生胶　　　　　B　粘合剂　　　　C　环氧树脂　　　D　聚四氟乙烯

二、多选题

1. 金属材料使用性能包括（　　）。
   A　力学性能　　　　　　　　B　物理性能
   C　化学性能　　　　　　　　D　强度指标
   E　工艺性能

2. 金属材料常用的力学性能主要有（　　）疲劳强度等。
   A　强度　　　　　　　　　　B　塑性
   C　硬度　　　　　　　　　　D　韧性
   E　疲劳强度

3. 合金钢按用途可分为（　　）。
   A　合金结构钢　　　　　　　B　合金工具钢
   C　特殊性能钢　　　　　　　D　中合金钢
   E　高合金钢

4. 下列属于特殊性能钢的是（　　）。
   A　不锈钢　　　　　　　　　B　合金渗碳钢
   C　耐热钢　　　　　　　　　D　耐磨钢
   E　合金工具钢

5. 灰铸铁中的石墨虽然降低了灰铸铁的抗拉强度、塑性和韧性，但也正由于石墨的存在，使铸铁具有一系列（　　）。
   A　优良的锻造性能　　　　　B　良好的减振性能
   C　良好的减摩性能　　　　　D　良好的切削加工性能
   E　较低的缺口敏感性

6. 金属材料按照腐蚀的机理腐蚀（　　）。
   A　化学腐蚀　　　　　　　　B　电化学腐蚀
   C　氧化腐蚀　　　　　　　　D　物理腐蚀
   E　生物腐蚀

三、判断题

（　　）1. 金属材料的性能分为使用性能和工艺性能。其中工艺性能是指金属材料为保证机械零件或工具正常工作应具备的性能，即在使用过程中所表现出的特性。

（　　）2. 金属材料工艺性能的好坏直接影响到制造零件的工艺方法、加工质量以及制造成本。

（　　）3. 金属材料的腐蚀，是指金属材料和周围介质接触时发生化学或电化学作用而引起的一种破坏现象。按照腐蚀的机理腐蚀可分为化学腐蚀及电化学腐蚀。

　　（　　）4. 在供水行业中，选择水泵的叶轮材料时，除了要考虑在离心力作用下的机械强度以外，还要考虑材料的耐磨性和耐腐蚀性。

　　（　　）5. 塑料按使用范围可分为通用塑料和工程塑料两大类。

　　（　　）6. 金属材料的力学性能可以理解为金属抵抗外加载荷引起的变形和断裂的能力。

　　（　　）7. 塑料按树脂的热性能可分为热塑性塑料和热固性塑料两大类。

四、简答题

1. 试写出一个不锈钢、耐磨钢、铸铁、合金调质钢、低合金高强度结构钢牌号。
2. 金属材料的力学性能是指什么？主要有哪些？
3. 金属防腐的方法有哪些？
4. 塑料的组成有哪些？具有哪些性能？

第3章 电气基础理论

一、选择题

1. 通过实验可以得出在真空状态下，两个点电荷通过电场相互作用时，作用力的大小与试验电荷的电量的关系为（   ）。
   A $F=KQq/r$ B $F=KQq/r^2$ C $F=KQ/qr^2$ D $F=KQq/qr$

2. 单位正电荷在某点具有的能量叫作该点的（   ）。以无限远处为参考点，电位为零，电场中其他电位都是针对参考点来说的。
   A 电压   B 电动势   C 电位   D 电荷

3. 电场中两点之间的电位差叫作（   ）。
   A 电压   B 电动势   C 电位   D 电荷

4. 正电荷从低电位到高电位，外力所做的功，称为（   ）。
   A 电压   B 电动势   C 电位   D 电荷

5. 导体中的自由电子在电场力的作用下，做定向运动，被称为（   ）。
   A 电流   B 电动势   C 电位   D 电荷

6. 导体有导电的能力，另一方面，也有阻碍电流通过的作用，这种阻碍作用，叫作导体的（   ）。
   A 电流   B 电动势   C 电位   D 电阻

7. 下列关于电路说法错误的是（   ）。
   A 电路就是电流通过的回路，在电路中，随着电流的通过，把其他形式的能量转换成电能，并进行电能的传输和分配、信号的处理，以及把电能转换成所需要的其他形式能量的过程
   B 电路一般由三个主要部分组成，即电源、负载和连接导线
   C 在简单的直流电路中，导线和负载连接起来的部分，叫作内电路
   D 电路只有通路，电路中才有电流通过

8. 电路中，如果电路中电源正负极间没有负载而是直接接通叫作（   ）。
   A 通路   B 开路   C 短路   D 断路

9. 电路有电流通过状态称电路为（   ）。
   A 通路   B 开路   C 短路   D 断路

10. 某个元件的两端直接接通，此时电流从直接接通处流经而不会经过该元件，这种情况叫作该元件（   ）。
    A 通路   B 开路   C 短路   D 断路

11. 整个电路中，电源以外只有电阻，称为（   ）。
    A 电阻电路   B 感性电路   C 容性电路   D 直流电路

12. 电路中有电感元件,称为( )。
　　A 电阻电路　　B 感性电路　　C 容性电路　　D 直流电路

13. 电路中包含容性元件,称为( )。
　　A 电阻电路　　B 感性电路　　C 容性电路　　D 直流电路

14. 下列属于典型模拟电路应用的是( )。
　　A 线性运算电路　B 并联电路　　C 容性电路　　D 直流电路

15. 电路只有一条路径,开关控制整个电路的通断,任何一处断路都会出现断路,各用电器之间相互影响。属于( )。
　　A 串联电路　　B 并联电路　　C 容性电路　　D 直流电路

16. 电路有若干条通路,干路开关控制所有的用电器,支路开关控制所在支路的用电器,各用电器相互无影响。并联电路中各支路的电压都相等属于( )。
　　A 串联电路　　B 并联电路　　C 容性电路　　D 直流电路

17. 当不考虑导体温度变换时,支路两端的电压与导体电阻之间的关系是( )。
　　A $I=U \cdot R$　　B $I=U/R$　　C $R=U \cdot I$　　D $U=I/R$

18. 电流通过导体时所产生的热量与电流、电阻,以及通过电流的时间的关系正确的是( )。
　　A $Q=0.24I^2Rt$　B $Q=0.24IR^2t$　C $Q=0.24I^2R/t$　D $Q=0.24IR^2/t$

19. 在电容器的两个金属板上加电压后,两个金属板上就带有正、负电荷,该电荷量与所加电压的关系,表示正确的是( )。
　　A $C=Q \cdot R$　　B $C=Q/R$　　C $Q=C \cdot R$　　D $Q=C/R$

20. 感应电动势的方向由( )来确定。
　　A 欧姆定律　　　　　　　B 基尔霍夫定律
　　C 焦耳—楞次定律　　　　D 电磁感应定律

21. 导体回路中产生感生电动势的大小与磁通变化率的负值成正比,被称为( )。
　　A 欧姆定律　　　　　　　B 基尔霍夫定律
　　C 焦耳—楞次定律　　　　D 电磁感应定律

22. 电流通过导体时所产生的热量与电流强度的平方、这段电路的电阻,以及通过电流的时间成正比,这就叫作( )。
　　A 欧姆定律　　　　　　　B 基尔霍夫定律
　　C 焦耳—楞次定律　　　　D 电磁感应定律

23. ( )是电路中提供电能的元件。
　　A 电压　　　B 电流　　　C 电位　　　D 电源

24. 电流、电压、电动势等大小和方向都不随着时间变化而变动称为( )。
　　A 交流电路　　B 直流电路　　C 数字电路　　D 模拟电路

25. 电路中的基本物理量包括电压、电流、电阻等,其中电阻的单位是( )。
　　A 安培(A)　　B 伏特(V)　　C 欧姆(Ω)　　D 瓦特(W)

26. 一段纯电阻闭合电路中,已知电源电压为24V,测得电流为1.5A,那么电阻的阻值为( )。
　　A 16Ω　　　B 10Ω　　　C 12Ω　　　D 8Ω

27. 正弦交流电的三要素包括（　　）。
A 幅值、频率、初相角　　　　　　B 有效值、角频率、相位
C 最大值、角频率、相位　　　　　D 有效值、频率、初相角

28. 交流电的（　　）是衡量交流电变化快慢的物理量。
A 电压　　　B 电流　　　C 角频率　　　D 初相角

29. 交流电电流最大值 I_m 和有效值 I 之间的关系是（　　）。
A $I=0.637I_m$　　B $I=0.707I_m$　　C $I=I_m$　　D $I=I_m/2$

30. 在纯交流电路中，如果所接负载为纯电容负载，则电压将（　　）。
A 与电流同相位　　　　　　　　B 与电流任意相位
C 超前于电流90°　　　　　　　D 滞后于电流90°

31. 在纯交流电路中，如果所接负载为纯电感负载，则电压将（　　）。
A 与电流同相位　　　　　　　　B 与电流任意相位
C 超前于电流90°　　　　　　　D 滞后于电流90°

32. 三相交流发电机产生三个频率相同，幅值相等，对于选定的参考方向相位依次相差（　　）的一组正弦电压。
A 60°　　　B 90°　　　C 120°　　　D 180°

33. 当三相电源星形连接时，各相电源之间的相位差为（　　）。
A 60°　　　B 90°　　　C 120°　　　D 180°

34. 当三相电源星形连接时，当三个相电压对称时，三个线电压有效值相等且为相电压的（　　）倍。
A $\sqrt{2}$　　　B $\sqrt{3}$　　　C 1　　　D 2

35. 三相负载星形连接时，线电流与相应相电流（　　）。
A 相等　　　B $\sqrt{2}$倍　　　C $\sqrt{3}$倍　　　D 2倍

36. 三相负载三角形连接时，当三个相电流对称时，三个线电流有效值相等且为相电流的（　　）倍。
A $\sqrt{2}$　　　B $\sqrt{3}$　　　C 1　　　D 2

37. 三相交流电路的视在功率符号为（　　）。
A W　　　B P　　　C Q　　　D S

38. 对称三相电路的总有功功率为每一相有功功率的（　　）倍。
A $\sqrt{2}$　　　B $\sqrt{3}$　　　C 3　　　D $3\sqrt{3}$

39. 额定电压为220V的灯泡接在110V的电源上，灯泡的功率是原来的（　　）倍。
A 1/4　　　B 4　　　C 1/2　　　D 2

40. 交流电的三要素是指最大值、角频率和（　　）。
A 相位　　　B 初相位　　　C 角度　　　D 平均值

41. 感应电流所产生的磁通（　　）原有磁通的变化。
A 增强　　　B 减小　　　C 阻碍　　　D 无影响

42. 在三相四线制中，当三相负载不平衡时，中性线电流（　　）。
A 等于零　　　B 不等于零　　　C 增大　　　D 减小

19

43. 串联电路中，电压与电阻成（　　）。
   A 正比　　　B 反比　　　C 无规律　　　D 相等

44. 并联电路中，电流的分配与电阻成（　　）。
   A 正比　　　B 反比　　　C 无规律　　　D 相等

45. 星形连接时，三相电源的公共点叫三相电源的（　　）。
   A 中性点　　B 参考点　　C 接地点　　　D 初始点

46. 一电感线圈接在 $f=50\text{Hz}$ 的交流电路中，感抗 $X=50\Omega$，若改接到 $f=10\text{Hz}$ 的电源，则感抗 $X=$（　　）Ω。
   A 150　　　B 250　　　C 10　　　　D 100

47. 交流电流表在交流电路中的读数为（　　）。
   A 最大值　　B 瞬时值　　C 有效值　　　D 平均值

48. 在纯电容电路中交流电压与交流电流之间的相位关系为（　　）。
   A u 超前 i $\pi/2$　　　　　　B u 滞后 i $\pi/2$
   C u 与 i 同相　　　　　　　D u 滞后 i $\pi/3$

49. 已知两个正弦量分别为 $i_1=10\sin(314t+90°)$（A），$i_2=10\sin(628t+30°)$（A），则（　　）。
   A i_1 比 i_2 超前 $60°$　　　　B i_1 比 i_2 滞后 $60°$
   C 不能判断相位差　　　　　　D i_1 比 i_2 滞后 $90°$

50. 对称三相电源有中性线，不对称负载星形连接，这时（　　）。
   A 各相负载上电流对称　　　　B 各相负载上电压对称
   C 各相负载上电流，电压都对称　D 各相负载上电流，电压都不对称

51. 电力工业中为了提高功率因数，常采用（　　）。
   A 给感性负载串联补偿电容，减少电路电抗
   B 给感性负载并联补偿电容
   C 提高发电机输出有功功率
   D 降低发电机无功功率

52. 三个同样的电阻负载，接至相同的三相对称电源上，为了获得最大的有功功率，负载应接成（　　）。
   A 星形　　　　　　　　　　　B 三角形
   C 星形或三角形　　　　　　　D 随便接一相

53. 三相对称电路是指（　　）。
   A 三相电源对称的电路　　　　B 三相负载对称的电路
   C 三相电源和三相负载均对称的电路　D 三相电源或三相负载对称的电路

54. 有"220V、100W""220V、25W"白炽灯两盏，串联后接入 220V 交流电源，其亮度情况是（　　）。
   A 100W 灯泡亮　　　　　　　B 25W 灯泡亮
   C 两只灯泡一样亮　　　　　　D 两只灯泡都不亮

二、多选题

1. 电阻消耗的功率可以用一段时间内的平均值来表示，也叫有功功率，表达正确的

是( )。
   A $P=UI$　　　　　　　　　　B $P=I^2R$
   C $P=U^2/R$　　　　　　　　D $P=IR^2$
   E $P=IR$

2. 电路一般由( )组成。
   A 电源　　　　　　　　　　B 负载
   C 电感　　　　　　　　　　D 连接导线
   E 电阻

3. 电路的分类，按照电源性质来划分，分为( )。
   A 直流电路　　　　　　　　B 电阻电路
   C 容性电路　　　　　　　　D 交流电路
   E 感性电路

三、判断题

( ) 1. 系统图又称概略图或框图，是用符号或图框概略表示系统基本组成、相互关系、主要特征的一种简图。

( ) 2. 依照冯诺依曼体系，计算机硬件由以下 5 部分组成：控制器，运算器，存储器，输入、输出设备。

( ) 3. 主板，是数据处理系统的关键外部设备之一，可以和计算机本体进行交互使用。

( ) 4. 三相电源电路是由三个频率相同、相位不同的电动势作为电源的供电电路。

( ) 5. 把电容器接入交流电路，随着外加电压的升高，电容器两极板上的电荷逐渐增多，这就是电容器的充电过程。

( ) 6. 一段导线的电阻值与它的横截面积成正比，与它的长度成反比。

( ) 7. 一段纯电阻闭合电路中，当电阻值一定时，电路中的电流一定与电压成正比。

( ) 8. 在纯交流电路中，电压与电流相位关系与所接负载的特性无关。

( ) 9. 三相交流电路的三相电压频率不相同。

( ) 10. 三相电源末端相连，首端分别引出的连接方式称为星形连接。

( ) 11. 为了与三相电源相接，三相负载也有两种连接方式：星形连接与三角形连接。

( ) 12. 中线的作用就是使不对称 Y 接负载的端电压保持对称。

( ) 13. 负载作星形连接时，必有线电流等于相电流。

( ) 14. 三相不对称负载越接近对称，中线上通过的电流就越小。

( ) 15. 中线不允许断开。因此，不能安装保险丝和开关，并且中线截面比火线粗。

四、简答题

1. 电炉的电阻为 22Ω，接到 220V 电源上，经过 20min，求在这段时间内电流所放出的热量？
    2. 电路的概念是什么？一个基本的电路包含哪几个部分？
    3. 将一盏 220V 60W 的灯接到 110V 的电源上，问灯消耗的功率是多少？
    4. 电气图的分类有哪些？

第4章 钳工基础知识

一、单择题

1. 对于一些加工精度要求较高的零件尺寸，要用( )来测量。
   A 游标卡尺　　　B 千分尺　　　C 指示表　　　D 厚薄规

2. ( )是在零件加工或机器装配、修理时用于检验尺寸精度和形状精度用的一种量具。
   A 游标卡尺　　　B 千分尺　　　C 指示表　　　D 厚薄规

3. 根据图样或实物的尺寸，在工件表面上（毛坯表面或已加工表面）划出零件的加工界线，这种操作称( )。
   A 装配　　　　　B 找正　　　　C 定位　　　　D 划线

4. 在进行划线操作时，平面划线一般选择( )划线基准。
   A 一个　　　　　B 两个　　　　C 三个　　　　D 四个

5. 在进行划线操作时，立体划线一般选择( )划线基准。
   A 一个　　　　　B 两个　　　　C 三个　　　　D 四个

6. 二十分度游标卡尺的精度为( )。
   A 0.01　　　　　B 0.02　　　　C 0.05　　　　D 0.1

7. 五十分度游标卡尺的精度为( )。
   A 0.01　　　　　B 0.02　　　　C 0.05　　　　D 0.1

8. 下图为精确度0.1mm的游标卡尺，则读数为( )mm。

   A 37.5　　　　　B 36.5　　　　C 37.05　　　　D 40.5

9. 下图为精确度0.02mm的游标卡尺，则读数为( )mm。

   A 27.9　　　　　B 27.94　　　　C 28.9　　　　D 28.94

10. 下图为精确度0.02mm的游标卡尺，则读数为( )mm。

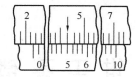

A 21.05　　　　B 22.05　　　　C 21.5　　　　D 22.5

11. 千分尺的测量精度为(　　)mm。

A 0.01　　　　B 0.02　　　　C 0.05　　　　D 0.1

12. 下图为千分尺的读数为(　　)mm。

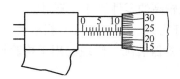

A 10.24　　　　B 11.24　　　　C 12.25　　　　D 12.24

13. 下列(　　)是一种指示式量仪，主要用来测量工件的尺寸、形状和位置误差，也可用于检验机床的几何精度或调整工件的装夹位置偏差。

A 百分表　　　B 千分尺　　　C 游标卡尺　　　D 塞尺

14. 百分表的读数方法为：先读小指针转过的刻度线（即毫米整数），再读大指针转过的刻度线并估读一位（即小数部分），并乘以(　　)，然后两者相加，即得到所测量的数值。

A 0.1　　　　B 0.01　　　　C 0.2　　　　D 0.02

15. 下列又称厚薄规或间隙片的是(　　)。

A 百分表　　　B 千分尺　　　C 游标卡尺　　　D 塞尺

16. 某个间隙，用0.03mm能塞入，而用0.04mm不能塞入，这说明所测量的间隙值约为(　　)mm。

A 0.05　　　　B 0.045　　　　C 0.04　　　　D 0.035

17. 百分表短指针的作用说法正确的是(　　)。

A 记录长指针的圈数　　　　　　B 读数的小数部分
C 转动一格代表0.1mm　　　　　D 转动一周代表1mm

18. 塞尺可以用来测量(　　)尺寸。

A 长度　　　　B 深度　　　　C 角度　　　　D 间隙

19. 锉刀按剖面形状分为(　　)。①平锉②方锉③半圆锉④圆锉⑤三角锉⑥菱形锉⑦刀形锉⑧金刚锉⑨粗齿锉。

A ①②③⑤⑥⑨　　　　　　B ①③④⑤⑥⑦⑨
C ①②④⑤⑥⑦⑧　　　　　　D ①②③④⑤⑥⑦

20. 钳工锉锉纹号是表示锉齿粗细的参数，锉纹号越小，锉齿(　　)。

A 越粗　　　　B 越细　　　　C 随机粗细　　　　D 越小

21. 锉削内圆弧面时，要选择(　　)。

A 平锉　　　　B 方锉　　　　C 三角锉　　　　D 半圆锉或圆锉

22. 下列(　　)是用来安装和张紧锯条的工具，可分为固定式和可调式两种。

A 锉刀　　　　　B 锯弓　　　　　C 电钻　　　　　D 切割机

23. 下列关于锉刀粗细规格选用的说法，错误的是（　　）。

A 工件材料的性质　　　　　B 加工余量的大小

C 加工精度和表面粗糙度要求　　　　　D 加工工件的形状

24. 下列关于锉刀操作方法，错误的是（　　）。

A 顺向锉法　　　B 逆向锉法　　　C 交叉锉法　　　D 推锉法

25. 锯条锯齿的粗细可以分为粗、中、细三种，其中细齿表示 25mm 长锯条上的齿数为（　　）齿。

A 14～18　　　B 22～24　　　C 24～32　　　D 32

26. 錾削时所用的工具主要是（　　）。

A 錾子　　　B 手锤　　　C 錾子或手锤　　　D 錾子和手锤

27. 錾削时，当发现手锤的木柄上沾有油应采取（　　）。

A 不用管　　　　　　　　　B 及时擦去

C 在木柄上包上布　　　　　D 戴上手套

28. 用钢锯锯割物件时（　　）。

A 锯割运动时，握锯的右手施力，左手的压力不要过大

B 锯割运动时，握锯的右手施力要大

C 锯割运动时，左右手应同时用力

D 锯割运动时，握锯的左手施力要大

29. 用钢锯锯割物件时的运动行程（　　）。

A 锯割时推拉行程要尽量长些

B 锯割时推拉行程要尽量短些

C 锯割时工作长度应占锯条全长的 2/3，锯割速度以 20～40 次/min 为好

D 锯割时工作长度应占锯条全长的 3/4，锯割速度以 40～50 次/min 为好

二、多选题

1. 钳工常用量具有（　　）。

A 游标卡尺　　　　　B 千分尺

C 深度尺　　　　　　D 厚薄规

E 锉刀

2. 游标卡尺是一种常用量具，它能直接测量零件的（　　）等。

A 外径　　　　　B 内径

C 长度　　　　　D 孔距

E 垂直度

3. 钳加工主要的方法有（　　）等。

A 划线　　　　　　　　　　B 锯削、锉削、铣削

C 攻螺纹、套螺纹矫正、铆接　　　　　D 刮削装配

E 焊接

4. 下列关于游标卡尺使用注意事项中，正确的是（　　）。

A 使用前用软布擦干净量爪 B 测量前先记取对零误差
C 轻拿轻放 D 可以测量粗糙物体
E 读数时，视线与尺面垂直

5. 下列关于塞尺的说法，正确的有（　　）。

A 在检验被测尺寸是否合格时，可以用通止法判断
B 在检验被测尺寸是否合格时，可以通过检验者根据塞尺与被测表面配合的松紧程度来判断
C 塞尺一般用不锈钢制造，最薄的为 0.05mm，最厚的为 3mm
D 塞尺使用前必须先清除塞尺和工件上的污垢与灰尘
E 使用时可以一片或数片重叠插入间隙，以稍感拖滞为宜

6. 下列关于锉刀的使用保养说法，正确的有（　　）。

A 锉刀应先用一面、用钝后再用另一面
B 锉刀每次使用后应用油清洗锉纹中的切屑，防止生锈
C 锉刀不能用来锉毛坯件的硬皮
D 锉刀放置时不能与其他金属硬物相碰
E 锉刀不能当作装拆、敲击或撬动的工具

7. 下列关于手锯的说法，正确的有（　　）。

A 手锯回程中应施加压力
B 锯割的速度以 20～40 次/min 为宜
C 锯割的行程应不小于锯条的 2/3
D 起锯的质量直接影响锯割的质量
E 锯条安装时越紧越好

三、判断题

（　　）1. 用锯对材料或者工件进行切断或者切槽等的加工方法叫锯削。

（　　）2. 锉刀可分为钳工锉、异形锉和整形锉三种。钳工锉是钳工常用的锉刀，钳工锉按其断面形状又可分为齐头扁锉、半圆锉、三角锉、方锉和圆锉，以适应各种表面的锉削。

（　　）3. 用手捶敲击錾子对金属进行切削加工的过程叫錾削。握法有正握法、反握法。

（　　）4. 零件在装配前，必须对再用零件和新换零件进行清理与洗涤，这是机械设备修理中的一个重要环节，它直接影响到机床的修理、装配质量。

（　　）5. 刮削加工属于粗加工。它具有切削量小、切削刀小、加工方便和夹装变形小等特点。

（　　）6. 游标卡尺由主尺和附在主尺上能滑动的游标两部分构成。

（　　）7. 读数精确度为 0.1mm 刻度的游标卡尺读数方法：首先读出游标零线以左尺身上所显示的整毫米数；读出游标上第 n 条刻线（零线除外）与尺身刻线对齐，则 $n×0.1$ 即为所测尺寸的小数值；前者减去后者即为测得的尺寸数值。

（　　）8. 千分尺的测微螺杆的螺距为 0.5mm，当微分筒每转一圈时，测微螺杆便随

之沿轴向移动 0.5mm。

（　　）9. 百分表的工作原理，是将被测尺寸引起的测杆微小直线移动，经过齿轮传动放大，变为指针在刻度盘上的转动，从而读出被测尺寸的大小。

（　　）10. 在用塞尺测量时，测量工件的表面有油污或其他杂质时不必清理干净，对测量没有任何影响。

（　　）11. 当间隙较大或希望测量出更小的尺寸范围时，单片塞尺已无法满足测量要求，可以使用数片叠加在一起插入间隙中。

（　　）12. 游标卡尺是可以测量长度、内外径、深度的量具。

（　　）13. 钳工加工平面划线时一般要选择三个划线基准。

（　　）14. 游标卡尺的主尺以毫米为单位。

（　　）15. 百分表的表圈可以转动，主要是用来调整表盘刻度与长针的相对位。

（　　）16. 内径百分表可以测量孔径和孔的形状误差。

（　　）17. 塞尺可以用来测量间隙尺寸。

（　　）18. 塞尺一般用不锈钢制造，最薄的为 0.05mm，最厚的为 3mm。

（　　）19. 游标卡尺读数结果为整数部分加上小数部分减去对零误差。

（　　）20. 游标卡尺测量几次取平均值时需要每次都减去对零误差。

（　　）21. 塞尺一般用不锈钢制造，可以测量温度较高的工件。

（　　）22. 锉刀按每 10mm 长度内主锉纹条数分为 Ⅰ～Ⅴ 号。

（　　）23. 锯弓是用来安装和张紧锯条的工具，可分为固定式和可调式两种。

（　　）24. 使用锯弓工作时，工件可以随意摆放，不用固定。

（　　）25. 锉刀分为普通锉、特种锉和整形锉三种。

（　　）26. 手锯由锯弓和锯条两部分组成。

（　　）27. 平锯是在向前推进时进行切削的，锯条安装时锯齿应向推进方向倾斜。

（　　）28. 锉刀断面形状的选择取决于工件加工表面的形状。

（　　）29. 手锯锯割时，锯弓前进的方式有直线运动和弧线运动两种。

（　　）30. 手锯是在向前推进时进行切削的，所以安装锯条时要保证齿尖向前的方向。

（　　）31. 锉削是钳工精加工的方法之一，锉削时，粗、精加工应用粗、细不同的锉刀进行。

（　　）32. 扁錾主要用于錾切毛刺、尖角、平面及切断薄板、扁铁或直径不大的圆钢。

（　　）33. 物体的平衡是指物体相对于地面保持静止或做匀速直线运动的状态。

（　　）34. 物体在作平动过程中，每一瞬时，各点具有相同的速度和加速度。

（　　）35. 钳工是使用钳工工具或钻床，按技术要求对工件进行加工、修整、装配的工种。

（　　）36. 机修钳工是使用工、量具及辅助设备，对各类设备进行安装、调试和维修的人员。

（　　）37. 用锤子打击錾子对金属工件进行切削的方法，称为錾削。

（　　）38. 刮削精度包括尺寸精度、形状精度、位置精度、接触精度、配合精度和表面粗糙度等。
( ) 39. 手锤的握法分为紧握法和松握法。
( ) 40. 手锤的挥锤方法有腕挥、肘挥、臂挥三种。

四、简答题

1. 使用游标卡尺时应注意哪些事项？
2. 简述钳加工的常用方法。
3. 设计基准、划线基准的概念。
4. 滚动轴承的清洗注意事项。
5. 简述刮削加工的优点。

第5章 电工基本知识

一、单选题

1. 兆欧表有三个接线端钮,"L""G""E"分别是(　　)。
   A　接地 线路 屏蔽　　　　　　　　B　线路 接地 屏蔽
   C　屏蔽 线路 接地　　　　　　　　D　线路 屏蔽 接地

2. 相位是反映交流电任何时刻的状态的物理量。交流电的大小和方向是随时间变化的。比如正弦交流电流,它的公式是 $i=I\sin 2\pi ft$。其中"i""I""f""t"分别是(　　)。
   A　瞬时值 最大值 频率 时间　　　　B　最大值 瞬时值 频率 时间
   C　瞬时值 最大值 时间 频率　　　　D　最大值 瞬时值 时间 频率

3. 摇动手柄的转速要均匀,一般规定(　　)r/min,允许有±20%的变化,最多不应超过25%,通常要摇动1min后,待指针稳定下来再读数。
   A　60　　　　B　90　　　　C　120　　　　D　150

4. 如果两个简谐运动的频率相等,其初相位分别是 ϕ_1,ϕ_2。当 $\phi_2 > \phi_1$ 时,他们的相位差是(　　)。
   A　$\Delta\phi=(\omega_t+\phi_2)-(\omega_t+\phi_1)$　　　　B　$\Delta\phi=(\omega_t+\phi_2)+(\omega_t+\phi_1)$
   C　$\Delta\phi=(\omega_t-\phi_2)-(\omega_t-\phi_1)$　　　　D　$\Delta\phi=(\omega_t-\phi_2)+(\omega_t-\phi_1)$

5. 使用万用表,选择量程时,如果无法确定被测电流的大小,应该选择(　　)去测量。
   A　任意量程　　　B　小量程　　　C　大量程　　　D　中间量程

6. 下列万用表不可以测量的量是(　　)。
   A　振动幅值　　　B　交直流电流　　　C　温度　　　D　电容

7. 直流电桥上 Rx 表示(　　)。
   A　电源　　　B　检流计　　　C　被测电阻　　　D　电阻倍率

8. 钳形电流表的工作原理(　　)。
   A　电压互感器　　B　电动式　　C　电流互感器　　D　磁电式

9. 绝缘电阻表测量时用来连接被测导体的是(　　)。
   A　E端子　　　B　G端子　　　C　P端子　　　D　L端子

10. 三端钮接地摇表在测量时接被测接地的是(　　)。
    A　E端子　　　B　G端子　　　C　P端子　　　D　C端子

11. 万用表的转换开关的作用是(　　)。
    A　选择各种被测量及量程　　　　　B　控制电流接通与关断
    C　接通被测物的测量　　　　　　　D　选择不同的电压及测量

12. 万用表测量功能较多,但下列万用表不能测量的量是(　　)。

A 交流电流、电压 B 直流电压、电流
C 噪声分贝 D 电阻值、电容值

13. 用摇表测量绝缘电阻时,线路(L)接线柱应接( )。
   A 被测绕组或导体 B 设备外壳接地线
   C 电缆的绝缘层 D 电缆的铠甲

14. 接地电阻测量仪用120r/min的速度摇动把手时,表内能发出( )Hz、100V左右的交流电压。
   A 50～110 B 110～115 C 115～120 D 120～125

15. 万用表的直流电流挡实际上是一个( )。
   A 多量程电流表 B 分流表
   C 多量程直流电流表 D 多量程分压表

16. 指针式万用表测量电流或电压时,应使指针的偏转在满刻度值的( )以上。
   A 1/2 B 1/3 C 1/4 D 1/5

17. 下列关于直流单臂电桥使用的说法中错误的是( )。
   A 使用前打开检流计锁扣,指针调到零位
   B 测量时先按下按钮"B",然后按下按钮"G"
   C 检流计正偏,减小比较臂电阻
   D 测量结束时,先松开按钮"G",再松按钮"B"

18. 将三相电流都为1A,并且相位互差120°的三相电缆穿过钳形电流表,则测钳形电流表测定的电流为( )。
   A 0 B 1 C 2 D 3

19. 使用兆欧表时,在测量前被测物必须( )。
   A 切断电源 B 切断电源并放电
   C 短接接地 D 电源投入

20. 兆欧表有三个接线柱,其中"L"为( )。
   A "地" B "屏护" C 电源 D 线路

21. 用摇表测量电容器绝缘电阻读数完毕后,正确的做法是( )。
   A 停止摇动摇把→取下测试线→被测电容器放电
   B 取下测试线→被测电容器放电→停止摇动摇把
   C 取下测试线→停止摇动摇把→被测电容器放电
   D 拆除接地线→取下测试线→停止摇动摇把

22. 接地电阻测量仪用120r/min的速度摇动把手时,表内能发出110～115Hz、( )V左右的交流电压。
   A 100 B 500 C 1000 D 2500

二、多选题

1. 按结构和用途不同,电工仪表主要分为哪几类( )。
   A 指示仪表 B 比较仪表
   C 数字仪表 D 智能仪表

E 多功能仪表

2. 常用电工仪表按工作原理分类有（　　）。
A 磁电式　　　　　　　　　　B 电磁式
C 电动式　　　　　　　　　　D 感应式
E 电子式

3. 测量电流互感器的极性的方法很多，我们在工作时常采用方法有（　　）。
A 直流法　　　　　　　　　　B 交流法
C 仪器法　　　　　　　　　　D 交-直流法
E 电桥法

4. 万用表可以测量的量有（　　）。
A 交直流电压　　　　　　　　B 交直流电流
C 电阻　　　　　　　　　　　D 电容
E 温度

5. 不管什么形式的万用表，都是由（　　）部分组成。
A 表头　　　　　　　　　　　B 测量线路
C 转换开关　　　　　　　　　D 指针
E 电源

6. 下列关于直流双臂电桥使用的说法中正确的有（　　）。
A 使用前打开检流计锁扣，指针调到零位
B 接线时将电流端钮C1、C2靠近被测电阻
C 测量时先按下按钮"B"，然后按下按钮"G"
D 检流计正偏，加大比较臂电阻
E 测量要迅速，避免电池无谓损耗

7. 下列关于钳形电流表使用注意事项中正确的有（　　）。
A 被测导体应放置在铁芯中间
B 钳形电流表可以测1000V以上的高压线路电流
C 选择合适的量程，不得用小量程测大电流
D 每次测量只能钳入一根导线
E 测量5A以下小电流时，不得将被测导线绕多圈穿入钳口

8. 测量额定电压500V以下的设备绝缘电阻时，可以选用（　　）V摇表。
A 250　　　　　　　　　　　B 500
C 1000　　　　　　　　　　　D 2500
E 5000

9. 下列关于接地电阻测量仪接线的说法，正确的有（　　）。
A 电位、电流两根探针与接地体之间成一直线分布
B 电流探针插在离接地体40m地下
C 电位探针插在离接地体20m地下
D 电位、电流探针插入地下40cm深度
E 四端钮测量仪测量低于1Ω接地电阻时，应将C2与P2短接

三、判断题

（　　）1. 兆欧表又称绝缘电阻表，俗称摇表。

（　　）2. 兆欧表使用前，不必检查其是否完好。

（　　）3. 测量电气设备的绝缘电阻可选用兆欧表。

（　　）4. 相位的测量方法有：示波器法、零示法、直读式相位计法。

（　　）5. 测量电流互感器的极性的方法很多，我们在工作时常采用方法有：直流法、交流法、仪器法。

（　　）6. 已知 $i_1=10\sin(314t+90°)$（A），$i_2=10\sin(628t+30°)$（A），则 i_1 超前 i_2 60°。

（　　）7. 为防止仪表受损，测量时，请先连接火线，再连接零线或地线；断开时，请先切断零线和地线，再断开火线。

（　　）8. 为了防止可能发生的电击、火灾或人身伤害，测量电阻、连通性、电容或结式二极管之前请先断开电源并为所有高压电容器放电。

（　　）9. 为安全起见，打开电池盖之前，首先断开所有探头、测试线和附件。

（　　）10. 选用摇表测量范围的原则是，不要使测量范围过多地超出被测绝缘电阻的数值，以免产生较大的读数误差。

（　　）11. 摇表在未停止转动前，可以用手指触及设备的测量部分或兆欧表接线柱。拆线时也可直接去触及引线裸露部分，不会触电。

（　　）12. 兆欧表应定期检查校验。校验方法是直接测量有确定值的标准电阻检查它测量误差是否在允许范围以内。

（　　）13. 禁止在雷电时或附近有高压导体的设备上测量绝缘电阻。只有在设备不带电又不可能受其他电源感应而带电的情况下才可测量。

（　　）14. 摇表无需水平放置于平稳牢固的地方，不会在摇动时因抖动和倾斜产生测量误差。

（　　）15. 检查被测电气设备和电路，是否已全部切断电源。严禁设备和电路带电时用兆欧表去测量。

（　　）16. 万用表在测量电阻时，一定要把电阻从电路中断开。

（　　）17. 直流电桥是用来测量电阻的仪器。

（　　）18. 电桥在使用前应先调零，调零前应扣上检流计锁扣。

（　　）19. 直流双臂电桥是用来测量高电阻值的仪器，适用于测量 10Ω 以上的电阻。

（　　）20. 钳形电流表是一种常用的电工仪表，在测量前应先断开电路，将仪表布置好后通电测量。

（　　）21. 绝缘电阻表又称摇表，用来测量绝缘电阻。

（　　）22. 接地摇表通常用来测量接地电阻，为保证测量准确性，一般采用直流进行测量。

（　　）23. 用万用表测量直流电时，要分清正负极。

（　　）24. 测量 10Ω 以上直流电阻时应使用双臂电桥。

（　　）25. 直流双臂电桥测量电阻时，严禁带电测试。

（　　）26. 测量 10Ω 以上直流电阻时应使用单臂电桥。

（　　）27. 直流单臂电桥是用来测量电机、变压器等设备的直流电阻的。

（　　）28. 钳形电流表相当于一只交流电流表加上一只电流互感器，所以只能测量交流电流。

（　　）29. 钳形电流表可以不断开电路测量电流。

（　　）30. 绝缘电阻表使用时，转动手摇发电机，转速一般规定为 120r/min。

（　　）31. 绝缘电阻表使用前要进行开路和短路试验。

（　　）32. 接地电阻测量仪主要由手摇发电机、电流互感器、电位器以及检流计组成。

（　　）33. 指针式万用表使用后，应将转换开关旋至交流电压最高挡。

（　　）34. 双臂电桥可以消除接线电阻和接触电阻的影响，是一种测量大阻值的电桥。

（　　）35. 直流双臂电桥又叫惠斯登电桥。

（　　）36. 直流单臂电桥又叫开尔文桥。

（　　）37. 直流单臂电桥"Rx"端钮与被测电阻的连接应采用较粗且尽量短的导线。

（　　）38. 钳形电流表测量时应注意安全距离，注意钳口需夹紧。

（　　）39. 当接地电阻测量仪离被测接地体较远时，应用四端钮测试仪将 C2、P2 连接片打开，用两根线分别接被测接地体。

四、简答题

1. 简述数字式万用表使用注意事项。
2. 简述直流双臂电桥的使用方法。
3. 手摇式兆欧表测量绝缘如何检查是否正常工作？
4. 相位测量的方法有哪些？

第6章 机械设备修理装配技术

一、单选题

1. 装配前的准备工作中首先要（　　）。
 A 检查零件的作用以及相互间的连接关系
 B 确定装配方法、顺序和所需要的装配工具
 C 研究和熟悉装配图，了解设备的结构、零件的作用以及相互间的连接关系
 D 对零件进行清理和清洗

2. 在装配时各配合零件不经修配、选择或调整即可达到装配精度叫作（　　）。
 A 互换装配法　　B 分组装配法　　C 调整装配法　　D 修配装配法

3. 装配中的调整（　　）以基准面为基准，调节相关零件或机构，使其位置偏差、配合间隙及结合松紧在技术规范允差范围之内。
 A 分析　　　　B 补偿　　　　C 调整　　　　D 复校

4. （　　）利用锤子或其他重物的冲击能量，把零件拆卸下来，此法是拆卸工作中最常用的一种方法。
 A 击卸　　　　B 拉卸　　　　C 压卸　　　　D 热拆

5. （　　）是使用专用拉具把零件拆卸下来的一种静力拆卸方法。拉卸法的优缺点拉卸法的优点是拆卸件不受冲击力，拆卸比较安全，不易破坏零件。
 A 击卸　　　　B 压卸　　　　C 拉卸　　　　D 热拆

6. 在成批或大量生产中，将产品各配合副的零件按实测尺寸分组，装配时，按组进行互换装配以达到装配精度，是（　　）。
 A 互换装配法　　B 分组装配法　　C 调整装配法　　D 修配装配法

7. 为保持或者恢复产品能完成规定功能而采取的技术管理措施是（　　）。
 A 维修　　　　B 维护　　　　C 保养　　　　D 检修

8. 下列关于机械设备垫铁组的使用要求，正确的是（　　）。
 A 承受载荷的垫铁组，应使用平垫铁
 B 承受重负荷的设备宜使用斜垫铁
 C 承受连续振动的设备，宜使用平垫铁
 D 每一垫铁组的数量不宜超过3块

9. 泵的振动四个级别中，不合格的是（　　）。
 A A级　　　　B B级　　　　C C级　　　　D D级

10. 水泵联轴器安装分为（　　）。
 A 冷装焊装　　　　　　　　B 螺纹装热装
 C 冷装热装　　　　　　　　D 螺纹装焊装

11. 水泵联轴器冷装时：轴颈(　　)孔径。
A　>　　　　B　<　　　　C　≥　　　　D　≤

12. 水泵联轴器热装时：轴颈(　　)孔径。
A　>　　　　B　<　　　　C　≥　　　　D　≤

13. 塞尺可以用来测量(　　)尺寸。
A　长度　　　B　深度　　　C　角度　　　D　间隙

二、多选题

1. 设备装配基本步骤包括(　　)。
A　装配前的准备　　　　　　B　装配分类装配工作分部装
C　装配分类装配工作总装　　D　调整、精度检验
E　试运行

2. 设备装配常用方法(　　)。
A　互换装配法　　　　　　B　分组装配法
C　调整装配法　　　　　　D　修配装配法
E　整体装配法

3. 设备装配要点(　　)。
A　清洗和清理　　　　　　B　加油润滑
C　配合尺寸准确　　　　　D　边装配边检查
E　试运行时事前检查和启动过程的监视

4. 设备装配，试运行启动过程应监视的参数内容包括(　　)。
A　配合精度　　　　　　　B　润滑压力
C　湿度　　　　　　　　　D　振动
E　噪声

5. 机械设备拆卸一般原则(　　)。
A　热装零件必须要利用加热来拆卸
B　设备的拆卸程序与装配程序相反
C　选择合适的拆卸方法，正确使用拆卸工具
D　拆卸大型零件时，要坚持慎重、安全的原则
E　要坚持拆卸服务于装配的原则。

6. 设备拆卸，按其拆卸方式可分为(　　)。
A　击卸　　　　　　　　　B　拉卸
C　压卸　　　　　　　　　D　热卸
E　破坏性拆卸

7. 在泵站维修过程中，轴承拆卸是比较常见的维修工作，常用方法有(　　)。
A　敲击法　　　　　　　　B　拉出法
C　推压法　　　　　　　　D　热拆法
E　切割法

8. V带传动机构装配要求(　　)。

A 带轮正确安装
B 两轮的中间平面应重合
C 带轮工作表面粗糙度要适当
D 带在带轮山的包角不小于90°
E 带的张紧力要适当

9. 设备装配中的调整主要程序包括（　　）。
A 分析　　　　　　　　　B 补偿
C 调整　　　　　　　　　D 复校
E 紧固

10. 螺纹连接修理时，常会遇到锈蚀的螺纹难于拆卸可采用的方法是（　　）。
A 用煤油浸润或把锈蚀零件放入煤油中
B 用锤子敲打螺钉或螺母，使铁锈受到振动而脱落
C 用火焰对锈蚀部位加热
D 使用除锈剂浸润
E 使用酒精浸润

11. 滚动轴承装配方法有（　　）。
A 敲入法　　　　　　　　B 压入法
C 热套法　　　　　　　　D 旋转法
E 润滑法

12. 机电设备管理的形成与发展经历了（　　）等阶段。
A 事后维修阶段　　　　　B 预防性维修
C 设备综合管理阶段　　　D 现代设备管理阶段
E 数字化设备管理阶段

13. 下列关于机械设备找正、调平的测量位置选择中正确的有（　　）。
A 机械设备主要工作面　　B 支撑滑动部件的导向面
C 轴颈或外露轴的表面　　D 部件上加工精度较高的表面
E 机械设备上水平或垂直的主要轮廓面

14. 根据键联接的结构特点和用途不同，可分为（　　）。
A 松键联接　　　　　　　B 平键联接
C 紧键联接　　　　　　　D 花键联接
E 圆键联接

15. 水泵根据泵轴安装方向可分为（　　）。
A 卧式水泵　　　　　　　B 单级水泵
C 立式水泵　　　　　　　D 多级水泵
E 斜流水泵

16. 卧式水泵安装工程的关键是（　　）。
A 中心线找正　　　　　　B 垂直找正
C 水平找正　　　　　　　D 高程找正
E 进水口找正

17. 花键联接的装配按照按齿廓形状可分为( )。
A 静联结定心　　　　　　　　B 外径定心
C 内径定心　　　　　　　　　D 动联结定心
E 键侧定心

三、判断题

( ) 1. 设备装配中，总装就是把零件装配成部件的装配过程。部装就是把零件和部件装配成最终产品的过程。

( ) 2. 设备装配中，试运转是设备装配后，按设计要求进行的运转试验。它包括运转灵活性、工作温升、密封性、转速、功率、振动和噪声等的试验。

( ) 3. 拆卸是泵站维修工作中的一个重要环节，如果拆卸不当，不但会造成设备零件的损坏，而且会造成设备的精度降低，甚至有时因一个零件拆卸不当使整个拆卸工作停顿，造成很大损失。

( ) 4. V带传动机构张紧装置常用张紧方法有调整中心距和使用张紧轮。

( ) 5. 链轮的两轴线必须平行。两轴线不平行，将加剧链条和链轮的磨损，降低传动平稳性和使噪声增大。

( ) 6. 两链轮的轴向偏移量必须在要求范围内。一般当中心距小于500mm时，允许偏移量 a 为2mm；当中心距大于500mm时，允许偏移量 a 为4mm。

( ) 7. 链条的下垂度要适当。一般水平传动时下垂度 f 应不大于20%L；链垂直放置时，f 应不大于0.2%L，L 为两链轮的中心距。

( ) 8. 在轴上安装的齿轮，常见的误差是：齿轮的偏心、歪斜和端面未贴紧轴肩。

( ) 9. 滚动轴承装配前，必须清除配合表面的凸痕、毛刺、锈蚀、斑点等缺陷。如果轴承上有锈迹，可以用砂布和砂纸打磨。

( ) 10. 机械设备由多只螺栓连接同一装配件紧固时，各螺栓应交叉、对称和均匀地拧紧。

( ) 11. 振动测量的测点应该在水平、垂直两个方向上进行测量。

( ) 12. 水泵填料环与填料箱的径向总间隙应为0.15~0.2mm。

( ) 13. 水泵填料压盖与填料箱的径向间隙应为0.1~0.3mm。

第 7 章 供电设备及电气系统

一、单选题

1. 电动机的绝缘等级是指其所用绝缘材料的耐热等级，如 F 级绝缘允许极限温度为( )℃。
   A 105　　　　　B 120　　　　　C 130　　　　　D 155
2. 电动机的温升是指( )。
   A 绕组绝缘极限温度减环境温度减热点温差
   B 绕温度减环境温度
   C 定子温度减转子温度
   D 转子温度减环境温度
3. ( )不仅能通断正常的负荷电流，而且能接通和承受一定时间的短路电流，并能在保护装置作用下自动跳闸，切除短路故障。
   A 高压熔断器　　B 高压断路器　　C 高压隔离开关　　D 高压负荷开关
4. 变压器是利用( )制成的静止用电器。
   A 电磁感应原理　B 欧姆定律　　　C 库仑定律　　　D 楞次定律
5. 继电保护装置经常处于完善的准备动作状态，不应由于本身的缺陷而误动或拒动是指继电保护的( )。
   A 选择性　　　　B 快速性　　　　C 可靠性　　　　D 全面性
6. 变压器在铭牌所规定的额定状态下，变压器二次输出能力称为( )。
   A 额定容量　　　B 额定功率　　　C 视在功率　　　D 最大容量
7. 运行中的变压器顶层油温不超过( )℃。
   A 65　　　　　　B 70　　　　　　C 80　　　　　　D 85
8. 变压器的型号为 SFZ-10000/110 其中 F 表示( )。
   A 绝缘等级 F 级绝缘　　　　　　B 冷却代号风冷
   C 防水等级 7 级　　　　　　　　D 冷却代号油冷
9. 对三相电力变压器，额定电压指( )。
   A 线电压　　　　B 相电压　　　　C 最大电压　　　D 工作电压
10. 变压器的铁芯是( )部分。
    A 电路　　　　　B 磁路　　　　　C 绕组　　　　　D 支柱
11. 保护变压器内部故障的保护为( )。
    A 瓦斯保护　　　B 过流保护　　　C 速断保护　　　D 纵联差动保护
12. 下列不属于三相异步电机降压启动方式有( )。
    A 直接启动　　　　　　　　　　　B 变频启动

C 软启动器启动 D 星形三角形启动器启动

13. 下列关于交流电机说法错误的是( )。
A 铜耗随着负载的变化而变化,且与负载电流的平方成反比
B 效率曲线有最大值,可变损耗等于不变损耗时,电机达到最大效率
C 随着负载电流增大,输入电流中的有功分量也增大,功率因数逐渐升高
D 在额定功率附近,功率因数达到最大值

14. 电动机运行中,三相电压不对称差值不应超过( )。
A 5% B 10% C 15% D 20%

15. 三相异步电动机转速公式正确的是( )。
A $n=60f(1-s)/p$ B $n=60p/f(1-s)$
C $n=60p/f(1+s)$ D $n=60f/p(1+s)$

16. 下列不属于变频调速的优点是( )。
A 效率高 B 成本低 C 精度高 D 调速平稳

17. 下列不属于三相异步电动机调速方式的是( )。
A 改变电动机磁极对数调速 B 变频调速
C 绕线式电动机转子串电阻调速 D 变电流调速平稳

18. 带油运输的变压器到达现场后,如果3个月内不能安装,应在( )d内进行检查油箱密封性情况,确定变压器内油的绝缘强度、测量绕组的绝缘电阻值。
A 10 B 20 C 30 D 40

19. 变压器上层油温,正常时一般应在( )℃以下。
A 65 B 75 C 85 D 95

20. 变压器大修后主变应冲击( )次。
A 3 B 4 C 5 D 6

21. 为防止飞弧造成事故,应将低压断路器铜母线排自绝缘基座起包( )mm的绝缘物或加相间隔弧板。
A 100 B 150 C 200 D 250

22. 断路器的分合闸同期性应满足下列要求:相间合闸不同期不大于( )ms。
A 3 B 5 C 8 D 10

23. 负荷开关在( )情况下不可以操作。
A 短路 B 小负载 C 额定负载 D 过负荷

24. 电动力灭弧装置一般适用于( )作灭弧用。
A 交流接触器 B 直流接触器
C 交、直流接触器均可 D 以上均不对

25. 屏蔽电源电缆/屏蔽通信电缆和金属管道入室前水平直埋长度应大于( )m。
A 0.3 B 0.6 C 0.9 D 1.2

26. 真空断路器若长期保存,应每( )个月检查一次。
A 1 B 2 C 3 D 6

27. 不仅可以切断和接通正常情况下高压电路中的空载电流和负荷电流还能切断故障电流,将故障设备与正常设备隔离开,保证系统安全运行的是( )。

A 高压断路器 B 高压熔断器
C 高压负荷开关 D 高压隔离开关

28. 主要用于远距离频繁接通和分断交直流主电路及大容量控制电路的是（ ）。
A 3 B 5 C 8 D 10

29. 真空断路器耐压计时（ ）min后降压，降压时迅速均匀降压到零。
A 0.5 B 1 C 1.5 D 2

30. 移动式高压单排配电柜柜前操作通道最小宽度为（ ）mm。
A 1000 B 1200
C 手车长度+1000 D 手车长度+1200

31. 下列关于电源接通后，电动机不能启动的说法，错误的是（ ）。
A 电源缺相 B 传动部分阻塞
C 启动设备接触不良或一相断线 D 地脚螺栓松

32. 下列关于电机启动后噪声大的说法错误的是（ ）。
A 电源缺相 B 转子不平衡或者转子扫膛
C 风叶碰壳或者风扇损坏 D 轴承润滑脂或者润滑油加得过多

33. 下列关于电机运行过程中三相电流不平衡的原因，说法错误的是（ ）。
A 电源电压不平衡 B 绕组匝间短路或者接地
C 电机单相运行 D 负载过大

34. 下列关于电机启动时间过长原因不包括（ ）。
A 电源电压过低 B 负载过大
C 电机启动转矩过小 D 电源电压不平衡

35. 允许直接启动的异步电动机最大功率应不大于变压器容量的（ ）。
A 10%～15% B 20%～30% C 40%～60% D 80%

36. 电动机运行电流不应超过额定值，三相不平衡电流不得超过额定值的（ ）%。
A 5 B 7.5 C 10 D 12.5

37. 6kV屋内配电装置不同相的带电部分之间的距离应不小于（ ）mm。
A 100 B 200 C 300 D 400

38. 新装电力变压器绝缘电阻值不低于出厂试验值的（ ）%。
A 50 B 60 C 70 D 80

39. 环境温度40℃时，A级绝缘变压器上层油温不宜超过（ ）℃。
A 65 B 75 C 85 D 95

40. 环境温度40℃时，A级绝缘变压器绕组允许温升为（ ）℃。
A 55 B 65 C 75 D 85

41. 电容器运行时的电流不应超过额定电流的（ ）倍。
A 1.1 B 1.2 C 1.3 D 1.4

42. 变压器的额定电压是指（ ）包括一次侧和二次侧的额定电压（ ）。
A 线电压 B 相电压 C 工作电压 D 最大电压

43. 变压器进行温升试验或过流试验前，应采取油样进行（ ）分析试验。
A 苯胺点 B 闪点 C 气相色谱 D 氧化安定性

44. 35kV 及以下变压器投入运行前的油耐压要大于等于 35kV，运行油耐压要大于等于(　)kV。
   A 10　　　　　　B 20　　　　　　C 30　　　　　　D 40
45. 变压器油的击穿耐压试验不可以在(　)℃下进行。
   A 5　　　　　　　B 10　　　　　　C 15　　　　　　D 20
46. 容量在(　)kVA 及以下的油浸式变压器，运输过程中无异常情况，可不进行器身检查。
   A 500　　　　　　B 800　　　　　　C 1000　　　　　D 1600
47. 空气湿度低于 65％时，器身暴露在空气中的时间不大于(　)h。
   A 4　　　　　　　B 8　　　　　　　C 16　　　　　　D 32
48. 油浸式变压器强迫油循环风冷却器可用(　)MPa 压力的气压或油压，持续 30min 进行检查，应无渗漏现象。
   A 0.1　　　　　　B 0.15　　　　　　C 0.2　　　　　　D 0.25
49. 油浸式变压器安装完毕后，应用高于附件最高点的油柱压力进行整体密封检查，试验时间持续(　)h，应无渗漏。
   A 1　　　　　　　B 2　　　　　　　C 3　　　　　　　D 4
50. 变压器注油时间，220kV 及以上不少于(　)h。
   A 2　　　　　　　B 4　　　　　　　C 6　　　　　　　D 8
51. 变压器注油时间，110kV 不宜少于(　)h。
   A 2　　　　　　　B 4　　　　　　　C 6　　　　　　　D 8
52. 负荷开关在(　)情况下不可以操作。
   A 短路　　　　　B 小负载　　　　C 额定负载　　　D 过负荷
53. 绕组是变压器的(　)部分，一般用绝缘纸包的铜线绕制而成。
   A 电路　　　　　B 磁路　　　　　C 油路　　　　　D 气路
54. 已知理想单相变压器一次侧电压有效值为 U_1，变比为 k，则二次侧电压有效值为(　)。
   A kU_1　　　　B k_2U_1　　　　C U_1/k　　　　D U_1/k_2
55. 当变压器二次绕组开路，一次绕组施加额定频率的额定电压时，一次绕组中所流过的电流称为(　)。
   A 短路电流　　　B 开路电流　　　C 空载电流　　　D 额定电流
56. SF-10000/110 型变压器中的字母 S 表示(　)。
   A 三相　　　　　B 单相　　　　　C 风冷　　　　　D 油冷
57. 原、副边共用一个绕组的变压器叫(　)。
   A 自耦变压器　　B 升压变压器　　C 降压变压器　　D 电压互感器
58. 变压器的额定功率，是指在铭牌上所规定的额定状态下变压器的(　)。
   A 输入有功功率　B 输出有功功率　C 输入视在功率　D 输出视在功率
59. 干式变压器用环氧树脂做绝缘材料，绝缘等级为(　)级。
   A B　　　　　　　B D　　　　　　　C E　　　　　　　D F
60. 位于变压器油箱上方，通过气体继电器与油箱相通的设备是(　)。

A 冷却装置　　　B 储油柜　　　C 防爆管　　　D 吸湿器

61. 变压器的结构有心式和壳式，其中心式变压器的特点是（　　）。
A 铁芯包着绕组　　　　　　B 绕组包着铁芯
C 一、二次绕组在同一铁芯柱上　　D 以上均不对

62. 并联运行的变压器，其短路电压的偏差不得超过（　　）%。
A 3　　　B 5　　　C 10　　　D 15

63. Yyno型变压器的接线组别标号中"yno"的含义是（　　）。
A 二次测星接且中性点接地　　B 二次侧星接且中性点不接地
C 一次侧为星接且中性点接地　　D 一次侧为星接且中性点不接地

64. 下列不属于纯净的变压器油性能的是（　　）。
A 导热　　　B 吸湿　　　C 导电　　　D 绝缘

65. 变压器绕组采用三角形接线时，绕组的线电压（　　）其相电压。
A 等于　　　B 小于　　　C 大于　　　D 都有可能

66. 关于运行中变压器应巡视和检查的项目中，表述不正确的有（　　）。
A 声音是否正常，正常运行时有均匀的"嗡嗡"声
B 油位升高属于正常现象
C 有无渗、漏油现象，油色及油位指示是否正常
D 套管是否清洁，有无破损、裂纹、放电痕迹等现象。

67. 在检修变压器要装设接地线时，应（　　）。
A 直接将接地线插入大地
B 先装接地端，再装导线段
C 先装导线段，再装接地端
D 先接零线

68. 变压器差动保护器从原理上能够保证选择性，实现内部故障时（　　）。
A 动作　　　B 不动作　　　C 延时动作　　　D 不误动作

69. 互感器是利用（　　）原理制成的。
A 电磁感应　　　B 欧姆定律　　　C 安培定律　　　D 磁生电

70. 断路器的（　　）是鉴定断路器绝缘强度最有效和最直接的方法。
A 大修试验　　　B 预防性试验　　　C 绝缘电阻测量　　　D 交流耐压试验

71. 真空断路器运行中分合闸时不能灭弧的故障是由于（　　）引起的。
A 操作机构失灵　　　　　　B 连接头处发热变色
C 真空泡漏气　　　　　　　D 分合闸位置指示错误

72. 真空断路器的优点不包括（　　）。
A 使用寿命相对较长　　　　B 适用于频繁操作
C 燃弧时间短　　　　　　　D 熄弧后触头间隙介质恢复速度慢

73. SFZ-10000/110表示该变压器为三相（　　）有载调压，（　　）额定电压为110kV。
A 油冷，一次侧　　　　　　B 风冷，二次侧
C 油冷，二次侧　　　　　　D 风冷，一次侧

74. 高压断路器的关合电流是指（　　）。

A 在额定电压下断路器能够可靠开断的最大短路电流值
B 保证断路器能可靠关合而又不会发生触头熔焊或其他损伤时，断路器所允许接通的最大短路电流
C 在规定的环境温度下，断路器长期允许通过的最大工作电流
D 在规定的环境温度下，断路器长期允许通过的最小工作电流

75. 常用的断路器操动机构不包括下列（　　）。
A 电磁式操动机构　　　　　　　　B 手动式操动机构
C 气压柱塞式操动机构　　　　　　D 弹簧储能式操动机构

76. 断路器的日常检查和维护内容不包括（　　）。
A 检查负荷是否超过断路器的额定值
B 对分闸状态的断路器可以直接合闸检查
C 检查接线桩头连接导线有无过热现象
D 检查、核对脱扣器的整定值是否正确

77. 下列对于油断路器的故障排查及处理的方法，错误的是（　　）。
A 当过流跳闸且负荷变化很大或油断路器喷油有瓦斯气味时，必须停止运行，以免发生爆炸
B 当从观察孔中看到油的颜色变深暗、混浊或有碳颗粒时，需更换处理
C 运行中发现排气孔有气雾现象，说明油断路器有故障需停运维修
D 当油位高于控制线时应立即停电检修

78. 线路中的真空断路器运行中如果发生真空泡漏气，下列措施中错误的是（　　）。
A 负荷减小至零后断开　　　　　　B 立即分闸
C 上级断路器断开负荷　　　　　　D 不允许分闸

79. 断路器在运行中，发生下列（　　）情况时可以不紧急停运。
A 断路器套管爆炸断裂　　　　　　B 内部有严重放电声
C 断路器着火　　　　　　　　　　D 连接设备停机

80. 隔离开关与断路器配合使用时的操作顺序（　　）。
A 先合隔离开关后合断路器、先断隔离开关后断断路器
B 先合隔离开关后合断路器、先断断路器后断隔离开关
C 先合断路器开关后合隔离、先断隔离开关后断断路器
D 先合断路器开关后合隔离、先断断路器后断隔离开关

81. 高压负荷开关不可用于（　　）。
A 切断过载电流　　　　　　　　　B 切断正常负荷电流
C 切断空载电流　　　　　　　　　D 切断短路电流

82. 高压隔离开关与高压负荷开关的相同点有（　　）。
A 不能接通或切断短路电流　　　　B 有简单的灭弧装置
C 隔离高压电源　　　　　　　　　D 能通断正常的负荷电流

83. 异步电动机主要由（　　）等组成。
A 转子、定子、其他部分（端盖、轴承盖、风扇、风罩）
B 转子绕组、定子绕组、其他部分（端盖、轴承盖、风扇、风罩）

C 转子绕组、定子铁芯、其他部分（端盖、轴承盖、风扇、风罩）
D 定子铁芯、转子铁芯、其他部分（端盖、轴承盖、风扇、风罩）

84. 下列不属于异步电动机转子组成的是( )。
A 机座　　　　B 转子绕组　　　C 转子铁芯　　　D 转轴

85. ( )又称额定容量，是指异步电动机在额定状态运行时轴上输出的机械功率。
A 额定功率　　B 输出功率　　　C 输入功率　　　D 视在功率

86. 关于异步电动机的功率因数，下列说法正确的是( )。
A 它不是一个常数，随电动机所带负载的大小而变化
B 它是一个常数，不随电动机所带负载的大小而变化
C 一般电动机在额定负载运行时的功率因数为1.0
D 电动机在轻载和空载时会较高

87. 笼形三相异步电动机将三相绕组首末端顺次连接（U1和W2、V1和U2、W1和V2）再接入三相电源的接线方式称为( )。
A 三角形连接　B 星形连接　　　C 串联连接　　　D 并联连接

88. 笼形三相异步电动机将三相绕组末端（U2、V2、W2）连接在一起首端（V1、U1、W1）接电源的接线方式称为( )。
A 三角形连接　B 星形连接　　　C 串联连接　　　D 并联连接

89. 插入式熔断器属于( )熔断器。
A 无填料瓷插式　　　　　　　B 有填料旋转式
C 有填料封闭管式　　　　　　D 无填料封闭管式

90. 下列关于熔断器的分类，不正确的是( )。
A 按其电压等级分为高压和低压
B 按熔断方式分为电流式和电压式
C 按其结构形式分为螺旋式、插入式和管状式
D 按其安装地点分为户外式和户内式

91. 下列关于熔断器的说法，不正确的是( )。
A 熔断器的动作是靠熔体的熔断来实现
B 当电流较大时，熔体熔断所需的时间就较短
C 熔断器可用于电路失电保护
D 熔断器的安秒特性为反时限特性

92. 熔断器在电路中起的作用是( )。
A 过载保护　　B 短路保护　　　C 欠压保护　　　D 自锁保护

93. 断路器中用于实现灭弧的主要结构是( )。
A 灭弧室　　　B 绝缘油　　　　C 脱扣机构　　　D 并联电容器

94. 下列不属于常用低压断路器的保护功能的是( )。
A 过载保护　　B 失电保护　　　C 漏电保护　　　D 短路保护

95. 下列电气设备中没有灭弧能力的是( )。
A 熔断器　　　B 隔离开关　　　C 负荷开关　　　D 断路器

96. 下列不属于低压配电柜抽屉式的型号是( )。

A　GGD B　MNL C　GCK D　MNS

97. 下列关于接触器触点说法，错误的是(　　)。
A　主触点一般用来接通电路　　　　B　辅助触点一般用于进行控制
C　自锁功能一般用在辅助触点上　　D　自锁功能一般用在主触点上

98. 变压器的运行电压一般不应高于该运行分接额定电压的(　　)%。
A　105 B　110 C　120 D　125

二、多选题

1. 计算机保护装置的数字核心一般由(　　)等组成。
A　CPU B　存储器
C　定时器/计数器 D　Watchdog
E　输入通道

2. 电机启动中，属于降压启动的有(　　)。
A　星形-三角形启动器启动　　　　B　软启动器启动
C　用自耦变压器启动　　　　　　　D　变频启动
E　直接启动

3. 高压断路器主要参数(　　)。
A　额定电压 B　额定电流
C　额定开断电流 D　关合电流
E　最大电流

4. 下列(　　)具有灭弧装置，能通断负荷电流和过负荷电流。
A　高压熔断器 B　高压断路器
C　高压隔离开关 D　高压负荷开关
E　真空断路器

5. 下列情况应采用铜芯电缆(　　)。
A　振动剧烈、有爆炸危险或对铝有腐蚀等的严酷工作环境
B　安全性、可靠性要求高的重要回路
C　耐火电缆及紧靠高温设备的电缆等
D　室内照明电路
E　负荷低的回路

6. 干式变压器的定期维护的内容主要包括(　　)。
A　清扫变压器本体及所有附件　　B　检查绕组
C　检查铁芯　　　　　　　　　　D　检查导体的连接点、温控装置
E　维护后的试验等

7. 低压成套装置，按其用途大致可分为(　　)等。
A　电能计量柜 B　进线柜
C　出线柜 D　电容补偿柜
E　自控柜

8. 继电保护中的电流保护种类有(　　)。

A 过电流保护 B 电流速断保护
C 定时限过电流保护 D 反时限过电流保护
E 无时限电流速断

9. 继电保护中的电压保护种类有（　　）。
A 过电压保护 B 欠电压保护
C 零序电压保护 D 过电流保护
E 瓦斯保护

10. 变压器并列运行应同时满足的条件有（　　）。
A 接线组别相同
B 变比相同
C 短路阻抗相等
D 并联变压器的容量比一般不宜超过 3∶1
E 额定电流相同

11. 变压器油温过高的内部原因（　　）。
A 绕组局部层间或匝间短路
B 绕组连接点、引出点接触不良
C 铁芯穿芯夹紧螺栓绝缘损坏或铁芯多点接地造成环流
D 负荷较大
E 大容量电动机启动，短时的冲击负载

12. 变压器允许正常和事故过负荷，其中过负荷运行方式分为三类，包括（　　）。
A 正常周期性负载 B 长期急救周期性负载
C 短期急救负载 D 故障负载
E 严重绝缘破坏负载

13. 油浸式变压器绝缘油的作用是（　　）。
A 减振 B 散热
C 灭弧 D 润滑
E 绝缘

14. 变压器并列运行的三大条件是（　　）。
A 变压器的接线组别相同
B 变压器的一、二次电压相等、电压变比相同
C 变压器的阻抗电压相等
D 并列变压器的容量相同
E 额定电流相等

15. 下列属于变压器声音异常的原因是（　　）。
A 过负荷 B 个别零部件松动
C 系统发生铁磁谐振 D 源电压过高，出现铁芯饱和情况
E 系统短路

16. 油浸式变压器的巡视检查的主要内容有（　　）。
A 负荷检查 B 顶层油温检查

C 声音是否异常　　　　　　　　　　D 呼吸器检查
E 绝缘套管和引出线

17. 下列关于变压器采用 Dyn11 接线方式的表述正确的是（　　）。
A D：高压侧三角形接法　　　　　B y：低压侧星形接法
C n：低压侧中性点引出　　　　　D 11：高低压相位差 30°
E n：高压侧中性点接地

18. 对新安装或检修后的变压器投运前所做的检查中，表述正确的是（　　）。
A 分接头开关位置是否正确，用电桥检测检查是否良好
B 油箱有无漏油和渗油现象
C 核对铭牌，查看铭牌电压等级与线路电压等级是否相符
D 呼吸器内硅胶呈蓝色或白色
E 外壳接地良好

19. 变压器温升的大小与（　　）相关。
A 变压器周围的环境温度　　　　　B 变压器的损耗
C 变压器的散热能力　　　　　　　D 变压器绕组的排列方式
E 负荷

20. 下列情况中，（　　）变压器要立即停止运行。
A 变压器内部音响很大，有爆裂声
B 油枕或防爆筒喷油
C 套管有严重的破损和放电现象
D 变压器着火
E 套管接头和引线发红，熔化或熔断

21. 下列关于变压器运行中巡查的表述，正确的是（　　）。
A 一般通过仪表，保护装置及各种指示信号了解变压器的运行情况
B 还要依靠巡查人员的感官去观察监听，及时发现仪表所不能反映的问题
C 对于重要负荷，即使巡查过程中发现变压器故障，也可以继续运行
D 套管有严重的破损和放电现象时应立即停止运行
E 遇见有较大异常声响或者严重放电时应立即停止运行

22. 下列关于运行中真空断路器巡查内容注意事项，正确的是（　　）。
A 瓷件应无裂纹，无破损
B 内部无异常声响，屏蔽罩颜色无明显变化
C 无渗油，漏油现象
D 连接头无发热变色，传动机构轴销无脱落变形
E 油温是否异常

23. 下列关于隔离开关特点的表述，正确的是（　　）。
A 没有安装专门的灭弧装置
B 能开断负荷电流和短路电流
C 与断路器配合使用，只有在断路器断开后才能进行操作
D 其结构是由动、静刀触头，支持绝缘子，操作机构等组成

E 可以通断一定的大电流

24. 下列关于负荷开关、隔离开关和断路器，描述正确的是(　　)。
A 负荷开关可以带负荷分合
B 隔离开关能带负荷分合
C 负荷开关一般配合熔断器使用
D 断路器具有短路保护、过载保护、漏电保护等功能
E 负荷开关断开后有明显可见的断开点

25. 负荷开关的特点有(　　)。
A 具有简单的灭弧装置　　　　B 分断短路电流
C 可以通断一定的电流　　　　D 隔离电源
E 有明显的断开点

26. 异步电动机的定子包括有(　　)等。
A 转轴　　　　　　　　　　　B 定子铁芯
C 定子绕组　　　　　　　　　D 机座
E 端盖

三、判断题

(　　) 1. 变压器是利用电磁感应原理制成的静止用电器。

(　　) 2. 变压器是变换电压、电流，传输电功率的设备。

(　　) 3. SFZ-10000/110 表示三相油浸自冷有载调压，额定容量为 10000kVA，高压绕组额定电压 110kV 电力变压器。

(　　) 4. 额定容量 SN（kVA）指额定工作条件下变压器输出能力（实际功率）的保证值。三相变压器的额定容量是指三相容量之和。

(　　) 5. 变压器的铁芯是电路部分。由铁芯柱和铁轭两部分组成。

(　　) 6. 计算机保护是用微型计算机构成的继电保护，是电力系统继电保护的发展方向（现已基本实现，尚需发展），它具有高可靠性，高选择性，高灵敏度。

(　　) 7. 异步电动机的结构也可分为定子、转子两大部分。定子就是电机中固定不动的部分，转子是电机的旋转部分。

(　　) 8. 异步电动机的气隙较其他类型的电动机气隙要小，一般为 0.2~2mm。

(　　) 9. 铭牌上的电压值是指电动机在额定运行时定子绕组上应加的相电压，一般规定波动不大于 5%。

(　　) 10. 变压器的一次侧接电源，二次侧开路，这种运行状态称为空载。

(　　) 11. 电机启动中，降压启动比全压启动好。

(　　) 12. 断路器的额定电流是指在额定电压下断路器能够可靠开断的最大短路电流值，它是表明断路器灭弧能力的技术参数。

(　　) 13. 高压隔离开关（文字符号 QS）的功能，主要是用来隔离高压电源，以保证其他设备和线路的安全检修。它允许带负荷操作。

(　　) 14. 熔断器的功能主要是对电路和设备进行短路保护，有的熔断器还具有过负荷保护的功能。

（   ）15. 电缆线路与架空线路相比，具有成本高、投资大、维修不便等缺点。

（   ）16. 热继电器是用于电动机或其他电气设备、电气线路的过载保护的保护电器。

（   ）17. GCK、GCL 型低压配电柜 GCK 柜主要用于电动机控制中心，GCL 型主要用于动力中心，柜体结构上基本相同，元件配置上有所区别。

（   ）18. 差动保护是一种在照电力系统中，被保护设备发生短路故障时，在保护中产生的差电流而动作的一种保护装置。常用作主变压器、发电机和并联电容器的保护装置。

（   ）19. 操作电源按性质分为交流操作电源和直流操作电源。

（   ）20. 电气系统是由发电厂、输电网、配电网和电力用户组成的整体，是将一次能源转换成电能并输送和分配到用户的一个统一系统。

（   ）21. 装有气体继电器的变压器，应使其顶盖沿气体继电器气流方向有 1％～1.5％的升高坡度。

（   ）22. 额定温升是变压器在额定负载运行时，允许超过环境的温度。

（   ）23. 变压器正常运行时温度不得超过允许值。

（   ）24. 变压器温度高过周围介质温度的差值称为变压器的温升。

（   ）25. 变压器的调压有无载调压和有载调压两种。

（   ）26. 电力电容器检查清扫周期每年至少进行一次。

（   ）27. 在电力系统中，电力电容器的作用主要是补偿无功。

（   ）28. 电容器组不得带负荷投入运行。

（   ）29. 电容器外壳膨胀是其发生故障的前兆。

（   ）30. 变压器主要由铁芯和绕组构成。铁芯是变压器的磁路通道；绕组是变压器的电路部分。

（   ）31. 框架断路器一般也被称空气断路器或者万能式断路器，主要用于低压配电系统的进线、母联及其他大电流回路的关合。

（   ）32. 对不同型号的断路器都应加强绝缘监测，注意预防性试验结果，发现问题及时处理。

（   ）33. 高压隔离开关的作用主要是隔离高压电源，并造成明显的断开点，以保证其他电气设备安全检修。

（   ）34. 负荷开关（QL）用于切断或接通负荷电流，具有简单的灭弧能力，但不能断开短路电流。

（   ）35. 低压电器的外壳防护作用有两种，第一种防护：防止人体触及；第二种防护：防止外界液体进入电器内部而引起有害的影响。

四、简答题

1. 异步电机的启动方式有哪几种？
2. 异步电动机直接启动的特点？
3. 简述熔断器的选用注意事项。
4. 继电保护的基本要求是什么？

第8章 供水主要机电设备及安装

一、单选题

1. 密封环安装在( )内,为保持与其间隙。
   A 泵壳与泵轴   B 泵壳与旋转叶轮   C 泵壳与泵体   D 泵壳与泵盖

2. 铸铁叶轮堆焊时,应先进行预热,其预热温度为( )℃。
   A 550～650   B 650～750   C 750～850   D 850～950

3. 使用环氧树脂胶粘剂修补,需在室温下固化( )h方可使用。
   A 24   B 12   C 6   D 2

4. 聚四氟乙烯纤维填料以聚四氟乙烯纤维为骨架,在纤维表面涂以聚四氟乙烯乳液,编织后再以聚四氟乙烯乳液进行浸渍,这种填料使用温度为( )℃。
   A －260～260   B －200～260
   C －200～200   D －230～260

5. 聚四氟乙烯纤维在压力为22.1MPa,温度100℃,线速度为14m/s,并有少量结晶物的甲铵泵中应用,寿命可达( )h。
   A 500～1000   B 1000～2000
   C 2000～3000   D 3000～4000

6. 填料环数为4～8时,装填时应使切口相互错开( )。
   A 90°   B 120°   C 150°   D 180°

7. 计量泵的组成不包括( )。
   A 电动机   B 动力端   C 驱动端   D 液力端

8. 计量泵的安装,泵应安装在高于地面( )mm的工作台上。
   A 0～25   B 25～50   C 50～100   D 100～150

9. 计量泵的安装,柱塞计量泵中心高出液面小于( )m,隔膜计量泵中心高出液面小于( )m。
   A 1,2   B 2,1   C 3,2   D 2,3

10. 限位补油阀的操作:拧紧调节螺钉至原来的位置,并使安全阀启跳压力为管道压力的( )倍左右。
    A 1.4   B 1.3   C 1.2   D 1.1

11. 双吸离心泵泵盖上端的小孔作用是( )。
    A 放空泵内水   B 保证水泵密封性
    C 灌水排气或真空抽气   D 安装压力表

12. 为防止水泵填料密封泄漏量过大,盘根一般切角为( )。
    A 15°   B 45°   C 60°   D 90°

13. 离心泵机械密封的核心装置是（　　）。
    A 静环动环组　　　　　　　　B 补偿缓冲机构
    C 辅助密封机构　　　　　　　D 传动机构
14. 双吸离心泵进口管道一般会安装（　　），用来测量水泵进出口的压力。
    A 真空表　　　B 压力表　　　C 电压表　　　D 流量计
15. 双吸离心泵出口管道一般会安装（　　），用来测量水泵进出口的压力。
    A 真空表　　　B 压力表　　　C 电压表　　　D 流量计
16. 对于水泵吸水管路的安装要求，下列哪项是错误的（　　）。
    A 不漏气　　　B 不积气　　　C 不吸气　　　D 不排气
17. 根据连接方式不同，大口径金属管道一般不包含（　　）。
    A 焊接连接　　B 法兰连接　　C 承插连接　　D 螺纹连接
18. 为防止水泵停止后回水倒转，可在出水管道安装（　　）。
    A 蝶阀　　　　B 闸阀　　　　C 止回阀　　　D 底阀
19. 水泵出水管路要求坚固而不漏水，通常采用（　　），为了便于拆卸与检修，在适当位置可设法兰接口。
    A 焊接连接　　B 热熔连接　　C 承插连接　　D 螺纹连接
20. 离心泵安装过程中，确定安装高程的主要因素。
    A 额定扬程　　B 吸水扬程　　C 出水扬程　　D 损失扬程
21. 卧式水泵安装工程的关键点不包括（　　）。
    A 中心找平　　B 水平找正　　C 同心校正　　D 高程找正
22. 单级离心泵找平，一般在（　　）上测量。
    A 进口和出口法兰　　　　　　B 泵轴和出口法兰
    C 底座和泵轴　　　　　　　　D 底座和进口法兰
23. 水平找正就是找正水泵（　　）水平。
    A 纵向和垂直　　　　　　　　B 垂直和横向
    C 纵向和横向　　　　　　　　D 纵向、垂直和横向
24. 离心泵机组通过（　　）对中找平后，就可以定位了。
    A 电机　　　　B 联轴器　　　C 水泵　　　　D 进出水阀门
25. 联轴器安装一般采用（　　）安装方式。
    A 冷装　　　　B 热装　　　　C 焊装　　　　D 螺纹装
26. 离心泵在启动和停止时先关闭（　　）。
    A 进水阀　　　B 底阀　　　　C 出水阀　　　D 检修阀
27. 离心泵机组纵向排列的优点是（　　）。
    A 节省空间　　　　　　　　　B 使吸水保持顺直状态
    C 节省管道　　　　　　　　　D 适用于单级双吸离心泵
28. 离心泵机组纵向排列一般用于（　　）的水泵机组。
    A 上出水　　　B 侧向进出　　C 多级　　　　D 大功率
29. 水泵机组横向排列适用于（　　）的水泵机组。
    A 上出水　　　B 侧向进出　　C 多级　　　　D 大功率

51

30. 底阀实际上是( )的一种,起着防止水倒流的作用。
   A 蝶阀　　　B 偏心半球阀　　C 止回阀　　　D 闸阀

31. 底阀是安装在水泵( )的底端的止回阀,限制水泵管内液体返回水源,阀盖上有过滤网,防止堵塞,主要应用在抽水的管路上。
   A 吸水管　　B 出水管　　　C 旁路管　　　D 真空管

32. 以下哪部分不是底阀的组成部分( )。
   A 阀体　　　B 阀瓣　　　　C 阀盖　　　　D 操作杆

33. 为了安装方便和避免管路上的应力传至吸水管路,一般可在吸水管路和压水管路装设( )或橡胶管道。
   A 蝶阀　　　B 止回阀　　　C 伸缩节　　　D 短管

34. 关于停泵水锤的防护措施,下列哪种做法是错误的( )。
   A 采用水锤消除器　　　　　　B 采用多功能控制阀
   C 取消止回阀　　　　　　　　D 采用普通止回阀

35. 关于井筒式潜水泵,下列错误的是( )。
   A 流量大　　B 扬程低　　　C 离心泵　　　D 电机水泵一体

36. 潜水泵型号为:200QJ20-40/3,下列正确的是( )。
   A 最小井径200　B 扬程20m　C 流量40m³/h　D 功率3kW

37. 潜水泵型号为:200QJ20-40/3,下列正确的是( )。
   A 功率3kW　　　　　　　　B 流量200m³/h
   C 最小井径20　　　　　　　D 扬程40m

38. 潜水泵的移动式安装又称为软管连接,优点不含( )。
   A 安装方便　　　　　　　　B 移动方便
   C 适用大功率潜水泵　　　　D 无需基础

39. 潜水泵的移动式安装又称为耦合式安装,下列说法错误的是( )。
   A 出水管道不可固定　　　　B 需要安装导轨
   C 适用大功率潜水泵　　　　D 无需基础

40. 井筒式潜水泵一般直接放置在井筒中使用,水泵与井筒相对转速要求是( )。
   A 相对静止　B 不宜过高　　C 不宜过低　　D 无限制

41. 轴流泵输送液体依靠( )。
   A 离心力　　　　　　　　　B 叶轮推力
   C 离心力和叶轮推力　　　　D 真空吸力

42. 离心泵、轴流泵、混流泵三者的比转速关系为( )。
   A 离心泵>轴流泵>混流泵　　B 轴流泵>混流泵>离心泵
   C 离心泵>混流泵>轴流泵　　D 混流泵>轴流泵>离心泵

43. 轴流泵底座水平偏差一应超过( )。
   A 1/1000　B 2/1000　　　C 0.1/1000　　D 0.2/1000

44. 水泵流量与叶轮直径关系为( )。
   A 正比　　　B 反比　　　　C 平方正比　　D 三次方正比

45. 水泵扬程与叶轮直径关系为( )。

A 正比 B 反比 C 平方正比 D 三次方正比

46. 水泵轴功率与叶轮直径关系为（　　）。
A 正比 B 反比 C 平方正比 D 三次方正比

47. 轴流泵具有很多优点，其中以下不是轴流泵优点的是（　　）。
A 流量大 B 扬程高 C 结构简单 D 重量轻

48. SZB型水环式真空泵的泵体内有（　　）个腔室。
A 1 B 2 C 3 D 4

49. SZ型水环式真空泵的泵体内有（　　）个腔室。
A 1 B 2 C 3 D 4

50. 真空泵种类很多，其中以（　　）真空泵应用范围最广。
A 射流 B 容积 C 回旋 D 冷凝

51. 气水分离器安装水平偏差不应大于（　　）。
A 0.1/1000 B 0.2/1000 C 1/1000 D 10/1000

52. 真空泵管路安装要求有（　　）：管弯越少越好，密封性要求。
A 管道口径越大越好 B 管道弯头越少越好
C 阀门越多越好 D 进气管道密封性要求较低

53. 真空泵内的工作液是由汽水分离器供给，溢流口通常位于真空泵水泵高度（　　）处左右。
A 零 B 1/3 C 2/3 D 高

54. 下列不属于三相异步电机降压启动的方式有（　　）。
A 直接启动 B 变频启动
C 软启动器启动 D 星形三角形启动器启动

55. 下列不属于直接启动特点的是（　　）。
A 启动转矩大、启动时间短 B 操作方便、易于维护
C 启动电流小 D 设备故障率低

56. 在起重作业中，（　　）斜拉、斜吊和起吊地下埋设或凝结在地面上的重物。
A 允许 B 应设专人监控
C 禁止 D 采取措施后可以

57. 水泵在发生（　　）情况时需立即停机。
A 填料室漏水大 B 轴承温度过高或烧毁
C 电动机过载 D 填料处发热

58. 起重机械中，吊钩危险断面磨损量超过原高度的（　　）时，应进行更换。
A 5% B 10% C 15% D 20%

59. 起重量限制器按照原理不同可以分为（　　）两类。
A 机械式和电子式 B 声控式和光感式
C 机械式和光感式 D 声控式和电子式

60. 防止起重机各种运动机构超过极限位置的安全装置。当各种运动机构到达极限位置时，行程开关被触动，从而切断电源的是（　　）。
A 行程开关 B 防风装置 C 防撞装置 D 缓冲装置

53

61. 可使起吊的重物重量不超过规定值,当超过允许的起重量时起升机构便不能启动的安全装置是( )。
   A 防撞装置   B 起重力矩限制器
   C 缓冲装置   D 起重量限制器

62. 起重机在终端位置时,滑接器与滑触线末端距离不小于( )mm。
   A 120   B 160   C 180   D 200

63. 软电缆移动端段的长度应长于起重机移动距离的( )并应加装牵引绳。
   A 5%～10%   B 10%～15%
   C 15%～20%   D 20%～25%

64. 泵以转换能量的方式来分,通常分为( )两大类。
   A 转子泵和无转子泵   B 叶片泵和无叶片泵
   C 容积泵和叶片泵   D 水轮泵和转子泵

65. 离心泵按工作原理分,属于( )类。
   A 转子泵   B 叶片泵   C 无转子泵   D 容积泵

66. 离心泵的叶轮可分为( )三种。
   A 立式、卧式、斜式   B 径向、轴向、半轴向
   C 封闭式、半封闭式、开敞式 D 全开式、半开式、封闭式

67. 防止泵轴与泵体之间的漏水与进气的装置叫( )。
   A 轴封装置   B 密封装置   C 减漏环   D 水封环

68. 离心泵效率等于( )。
   A 机械效率＋容积效率＋水力效率   B 机械效率×容积效率×水力效率
   C (机械效率＋容积效率)×水力效率   D 机械效率×(容积效率＋水力效率)

69. 离心泵的基本特性曲线最主要的是( )曲线。
   A Q-H B Q-N C Q-η D Q-(NPSH)r

70. 离心泵工作时为了减轻电机启动负荷,从性能曲线可看出应采取( )启动。
   A 开阀   B 闭阀   C 降压   D 直接

71. 把水泵性能曲线上的工作范围,用表格形式表达,即为( )。
   A 水泵功能表   B 水泵性能表
   C 水泵效率表   D 水泵功率表

72. 离心泵安装高程高于进水口水面时,在抽水前必须将泵体和吸水管( )。
   A 灌满水   B 加油   C 冲水   D 排水

73. 离心泵出水管上的( )可防止停机水倒流。
   A 真空破坏阀   B 单向阀   C 闸阀   D 电动阀

74. 轴流泵按主轴的方向可分为( )三种。
   A 立式泵、卧式泵和斜式泵   B 轴流、混流、径向
   C 轴式、径式和混式   D 轴流、混流、卧式

75. 轴流泵叶轮中的液流是( )流动的。
   A 垂直于泵轴   B 平行于泵轴
   C 垂直或平行于泵轴   D 垂直和平行于主轴

76. 轴流泵按叶片调节的可能性可分为( )三种。
A 不调、全调、可调　　　　　　B 油压、机械、不调
C 轴式、径式和混式　　　　　　D 固定式、半调节式和全调节式

77. 轴流泵的叶轮均为( )。
A 开敞式　　　　　　　　　　　B 全闭式
C 半敞式　　　　　　　　　　　D 开敞式或半敞式

78. 全调节轴流泵的调节装置有( )。
A 全调式和半调式　　　　　　　B 液压式和机械式
C 机调式和手调式　　　　　　　D 机械式和自动式

79. 根据叶片在轮毂体上能否转动，轴流泵叶轮可分为( )。
A 不可调、可调　　　　　　　　B 固定、可调
C 固定、半调、可调　　　　　　D 固定、半调、全调

80. 型号为14ZLB-3.4水泵，是( )。
A 立式全调节轴流泵　　　　　　B 立式轴流泵
C 全调节轴流泵　　　　　　　　D 立式半调节轴流泵

81. 泵的型号为：32ZLB-100型其中32表示( )。
A 泵出口直径　　B 泵进口直径　　C 扬程　　D 流量

82. 轴流泵工作时为了降低电机启动功率，从性能曲线可看出应采取( )启动。
A 开阀　　　B 闭阀　　　C 降压　　　D 直接

83. 从Q-N曲线可知，轴流泵开阀启动是为了( )。
A 减小动力机启动负载　　　　　B 减小轴功率
C 减小启动电流　　　　　　　　D 减小启动扬程

84. 高比转数的轴流泵在出现汽蚀后，Q-H、Q-η曲线( )。
A 先是逐渐地下降，过了一段才开始迅速下降
B 先是迅速地下降，过了一段才开始缓慢下降
C 下降很快
D 下降缓慢

85. 轴流泵导叶体的主要作用是把叶轮流出的水流的旋转运动转变为( )运动。
A 径向　　　B 侧向　　　C 斜向　　　D 轴向

86. 轴流泵中的导轴承承受转动部件的( )。
A 径向力　　B 轴向力　　C 振动力　　D 跳动力

87. 立式轴流泵机组中的滑动推力轴承，承受( )力。
A 轴向推力　　　　　　　　　　B 机组重力
C 固定部件重量　　　　　　　　D 轴向水推力和转动部分重量

88. 立式轴流泵机组整个转动部件、水的重量及水推力，都由( )承担。
A 推力轴承　　B 滚动轴承　　C 上机架　　D 下机架

89. 一台潜污泵的型号为200WQS(P)400-25-45其中的200指的是( )。
A 额定流量　　　　　　　　　　B 泵排出口公称直径
C 额定功率　　　　　　　　　　D 额定扬程

90. 潜污泵运行中出现下列情况（　　）时，可先开启备用水泵而后停机。
A 泵产生剧烈振动或噪声
B 水泵不吸水，压力表无压力或压力过低
C 密封填料经调节填料压盖无效，仍发生过热或大量漏水
D 进水口堵塞使出水量明显减少

91. 潜水泵试运转，应符合（　　）要求。
A 压力、流量应正常，电流不应大于额定值
B 安全保护装置及仪表均应安全、正确、可靠
C 扬水管应无异常的振动
D 在额定转速和最大流量下连续运转时间不应少于 1h

92. 潜水泵在安装前的准备工作，说法错误的是（　　）。
A 检查泵的规格、性能是否符合图纸及标书技术规范
B 检查设备外表如壳体、电机、导杆等零件是否变形
C 复测土建工程标高是否满足设计图纸要求，以及预留孔是否符合安装条件
D 检查电源相序是否正确

93. 潜水泵在运行过程中流量不足或不出水的原因，错误的是（　　）。
A 电机反转　　　　　　　　　B 管道堵塞
C 叶轮磨损严重　　　　　　　D 缺相

94. 潜水泵不能启动的原因下列说法，错误的是（　　）。
A 缺相　　　　　　　　　　　B 叶轮卡住
C 电机相序接反　　　　　　　D 绕组接头或电缆断线

95. 潜水泵在运行过程中电流过大原因下列说法，错误的是（　　）。
A 管道堵塞　　　　　　　　　B 叶轮卡住
C 输送介质的密度或者黏度变大　D 叶轮磨损

96. 下列不属于异步电动机转子组成的是（　　）。
A 机座　　B 转子绕组　　C 转子铁芯　　D 转轴

97. 下列不属于磁控软启动器优点的是（　　）。
A 工作可靠　　　　　　　　　B 价格便宜
C 对环境要求不高　　　　　　D 结构简单

98. 关于异步电动机的功率因数下列说法，正确的是（　　）。
A 它不是一个常数，随电动机所带负载的大小而变化
B 它是一个常数，不随电动机所带负载的大小而变化
C 一般电动机在额定负载运行时的功率因数为 1.0
D 电动机在轻载和空载时会较高

99. 在电力系统中为了工作和安全的需要，常需要将电力系统及其电气设备的某些部分和大地相连接，这就是（　　）。
A 短路　　　　B 接零　　　　C 防雷　　　　D 接地

100. 下列关于接触器触点说法，错误的是（　　）。
A 主触点一般用来接通电路　　B 辅助触点一般用于进行控制

C 自锁功能一般用在辅助触点上　　　　D 自锁功能一般用在主触点上

二、多选题

1. 按照作用原理泵分为(　　)。
   A 叶轮式泵　　　　　　　　　　　　B 卧式泵
   C 容积式泵　　　　　　　　　　　　D 射流泵
   E 水锤泵

2. 检修离心泵时，主要抓住的重要环节(　　)。
   A 正确的拆卸　　　　　　　　　　　B 零件的检查、修理或更换
   C 精心的组装　　　　　　　　　　　D 组装后各零件之间的相对位置
   E 各部件间隙的调整

3. 软填料根据结构形式的不同加工方法可分为(　　)。
   A 绞合填料　　　　　　　　　　　　B 编织填料
   C 叠层填料　　　　　　　　　　　　D 模压填料
   E 散装填料

4. 纤维质材料按材质可分为(　　)。
   A 天然纤维　　　　　　　　　　　　B 矿物纤维
   C 合成纤维　　　　　　　　　　　　D 陶瓷纤维
   E 金属纤维

5. 机械密封一般主要由(　　)部分组成。
   A 由静止环（静环）和旋转环（动环）组成的一对密封端面
   B 以弹性元件（或磁性元件）为主的补偿缓冲机构
   C 辅助密封机构
   D 使动环和轴一起旋转的传动机构
   E 盘根填料室

6. 电动梁式起重机有(　　)。
   A 电动单梁起重机　　　　　　　　　B 电动单梁悬挂起重机
   C 电动双梁悬挂起重机　　　　　　　D 电动葫芦起重机
   E 电动葫芦双梁起重机

7. SAP 型离心泵主要构件有(　　)。
   A 叶轮　　　　　　　　　　　　　　B 密封环
   C 泵盖　　　　　　　　　　　　　　D 轴套
   E 填料函

8. 离心泵安装过程中，如果对中出现偏差，会造成的后果是(　　)。
   A 增加振动值　　　　　　　　　　　B 降低能耗
   C 加快密封件磨损　　　　　　　　　D 增加能耗
   E 增加水泵扬程

9. 水泵机组横向排列的优点有(　　)。
   A 跨度减小　　　　　　　　　　　　B 进出水管顺直

C 水利条件好 D 节省电耗
E 水平对中难度小

10. 根据水锤发生的原因，可分为（   ）。
   A 启动水锤 B 关阀水锤
   C 回水水锤 D 停泵水锤
   E 开阀水锤

11. 水锤所增大的压力，有时可能超过管道正常压力的许多倍，会（   ），危害极大。
   A 撞坏单向阀 B 胀裂管道
   C 导致管道接口断开 D 造成极大振动
   E 引起水泵反转

12. 消除水锤的措施有（   ）。
   A 水锤消除器 B 缓闭止回阀
   C 取消止回阀 D 设空气缸
   E 安装蝶阀

13. 潜水泵安装方式可分为（   ）。
   A 立式竖直使用 B 斜式使用
   C 卧式使用 D 浮筒式使用
   E 螺旋式使用

14. 潜水泵按照液流的排出方式分为（   ）。
   A 外装式 B 内装式
   C 半内装式 D 贯流式
   E 循环式

15. 对于新装的异步电动机使用前应对其进行检查防止"带病"运行。检查的主要项目包括（   ）等。
   A 测量绝缘电阻
   B 电机外观及固定螺栓
   C 扳动异步电动机转轴，检查转子能否自由转动、有无杂音
   D 检查其通风及润滑系统
   E 检查相序

16. 施工升降机的机械安全装置主要有（   ）。
   A 安全护钩 B 救生天窗
   C 外笼门锁 D 缓冲弹簧
   E 安全绳

17. 下列设备属于特种设备的是（   ）。
   A 危险性较大的锅炉 B 压力容器
   C 压力管道 D 电梯
   E 起重机械

18. 下列属于起重作业"十不吊"内容的是（   ）。

A	信号指挥不明不准吊	B	斜牵斜挂不准吊
C	吊物上有人不准吊	D	三级以上风不准吊
E	违章指挥不准吊		

19. 离心泵泵体由（　　）组成。

A	吸入口	B	蜗壳形压水室
C	排出口	D	泵座
E	叶轮		

三、判断题

（　）1. 离心泵在运转中，如果出现振动、撞击或扭矩突然加大，将会使泵轴造成弯曲或断裂现象。

（　）2. 控制合理的压紧力是保证软填料密封具有良好密封性的关键。

（　）3. 填料函端面内孔边，不需要一定的倒角。

（　）4. 在更换新的密封填料前必须彻底清理填料函，清除失效的填料。

（　）5. 填料厚度过大或过小时，可以用锤子敲打，使厚度统一。

（　）6. 切割密封填料对成卷包装的填料，使用时应沿轴或柱塞周长，可以用锋利刀刃对填料按所需尺寸进行切割成环。

（　）7. 对填料预压成形用于高压密封的填料，必须经过预压成形。

（　）8. 填料函的外壳温度不应急剧上升，一般比环境温度高 50～－60℃可认为合适，能保持稳定温度即认为可以。

（　）9. 密封性好在长期运转中密封状态很稳定，泄漏量很小，据统计约为软填料密封泄漏量的 1% 以下。

（　）10. 行车式吸泥机考虑到车轮的安装误差与行车受温差的影响，车轮凸缘的内净间距与轨顶宽度间留有适当的间隙，其值为 15～20mm。橡胶靠轮与水池池壁的配合尺寸，其间隙不大于 30mm。

（　）11. 刮板可按对数螺旋成布置，为了加工方便，也可设计成直线形多块平行排列的刮板。刮板与刮臂轴线夹角应小于 45°。

（　）12. 为使氯气检测器的有效性，应该在每个氯库内离地面 100cm 处装监测探头。

（　）13. 低温液氯蒸发时需大量吸收周围的热量，会导致器件表面会发生结露、结霜等现象，而使这些器件中的塑料部件受损。

（　）14. 为了避免加氯设施受损，可在压力管路上缠绕电加热头。

（　）15. 供给水射器的压力水不足或压力不够时，可能是水射器的供水管路中的阀门过滤器有堵塞。

（　）16. 水射器冰堵及负压管道冰堵的原因可能是出现内腔溅水，水和氯气融合后在较高真空情况下发生结冰。

（　）17. 隔膜式计量泵的特点：无动密封、无泄漏、维护简单；压力可达 70MPa；流量在 10∶1 范围内，计量精度可达±1% 等。

（　）18. 为消除运输过程中调量表指针因惯性自行转动产生的漂移，需要在启动电动机时，在空载下投入运行，然后将泵的行程零位与调量表零位相对应。

（　　）19. 泵开车以后，运行应该平稳，不得有异常的噪声，否则，应该停车检查原因；并消除产生噪声的根源后，再投入运行。

（　　）20. 在隔膜泵的日常维护中，填料密封处的泄漏量不超过18~20滴/min。

（　　）21. 隔膜泵的装配顺序第一步为：重装或更换新蜗杆、蜗轮。

（　　）22. 因计量泵是单脉动负载，载荷对蜗轮的磨损是排液冲程大于吸液冲程，泵运行10000h后，根据蜗轮磨损情况，可将蜗轮相对原装配的位置，绕轴线旋180°后装回，这样可以延长蜗轮工作的寿命。

（　　）23. 蝶阀是用随阀杆转动的圆形蝶板做启闭件，以实现启闭动作的阀门。

（　　）24. 止回阀可以自动阻止流体倒流。

（　　）25. 微阻缓闭止回阀在旋启式止回阀的基础上增加了平衡锤和阀瓣关闭缓冲机构（阻尼系统）。

（　　）26. 电动阀门的变速箱除按规定进行清洗和检查外，尚应复查联轴器的同轴度，然后接通临时电源，在全开或全闭的状态下检查、调整阀门的限位装置，反复试验2次，电动系统应动作可靠、指示明确。

（　　）27. 安装阀门时，阀门的操作机构离操作地面宜在0.3m左右。

（　　）28. 蝶阀为双向阀门，安装方便。

（　　）29. 安全阀不管是杠杆式或弹簧式，都应该直立安装，阀杆与水平面应该保持良好的垂直度。

（　　）30. 水泵及电动机组合面的合缝检查时，当允许有局部间隙时，用不大于0.10mm的塞尺检查，深度应不超过组合面宽度的1/3，总长应不超过周长的20%；组合缝处的安装面高差应不超过0.10mm。

（　　）31. 离心泵泵轴轴套的主要作用是防止泵轴被填料函磨损，不可以拆换。

（　　）32. 离心泵填料是防止泵体内液体外泄，因此，要做好密封性，不能有液体泄漏。

（　　）33. 离心泵机械密封主要材料有纤维质材料和非纤维质材料两大类。

（　　）34. 水泵出水管道弯头不宜过多，否则水头损失较大。

（　　）35. 根据卧式机组大小，基础浇筑有一次浇筑法和二次浇筑法。

（　　）36. 卧式机组安装，垫铁埋设时的高程偏差宜为0~5mm。

（　　）37. 水泵机组运到现场，附带底座已装好电动机，找平底座时可不必卸下水泵和电动机。

（　　）38. 离心泵布置的其中一个原则为：任何一台水泵机组停用检修不得影响其他水泵工作。

（　　）39. 吸入式水泵工作时，吸入管道的阀门及弯头应该尽可能地少，这样既保证了安全，又能减少水头损失。

（　　）40. 横向双行排列更为紧凑，节省建筑面积。

（　　）41. 横向双行排列的水泵机组转向相反，在选择电机水泵机组时要注意。

（　　）42. 底阀一般适用于清净介质，不宜用于含有固体颗粒和黏度较大的介质。

（　　）43. 从原理的角度上来看，水锤指的主要是管道中水流的速度发生较大的变化，从而出现压力激烈升降，导致水力冲击的情况。

（　）44. 水锤是指突然断电或其他原因造成开阀停车时，在水泵和压力管道中由于流速的突然变化而引起压力升降的水力冲击现象。

（　）45. WQ 系列潜污泵具有能自动耦合、便于安装、高可靠、效率高和扬程高等优点。

（　）46. 水泵的进、出口管道应有各自的支架，泵体不得直接承受管道的质量。

（　）47. 管道与泵连接后，为了维修方便可以直接在管道上进行焊接和气割。

（　）48. 为防止风机运行时产生振动，应在与风机出气口法兰连接的直管段加固定支撑。

（　）49. 起重机上除常用的电气保护装置、声音信号和色灯外，还有多种其他安全装置。

（　）50. 在起吊过程中，当荷载达到额定起重量 90％时，必须发出提示性报警信号；当达到额定起重量 110％时，必须自动切断起升机构电源，并发出禁止性报警信号。

四、简答题

1. 简述离心泵的工作原理。
2. 简述柱塞式计量泵工作原理。
3. 阀门按通用分类法分为哪些类型？
4. 简述活塞压缩机的工作原理。

第9章 供水主要机电设备维修

一、单选题

1. 下列不属于设备维护保养工作"三级保养制"的是（　　）。
   A 日常保养　　　B 一级保养　　　C 二级保养　　　D 三级保养
2. 设备维护中二级保养以（　　）为主实施。
   A 专业维修人员　　　　　　　　B 操作工
   C 安全管理人员　　　　　　　　D 调度人员
3. 低压线路的短路保护，通常使用（　　）来实现。
   A 负荷开关　　　B 断路器　　　C 隔离开关　　　D 热继电器
4. 交流电动机检修时室温下转子绕组绝缘电阻应不低于（　　）MΩ。
   A 0.01　　　B 0.05　　　C 0.1　　　D 0.5
5. 电动机大修时不更换或局部更换定子绕组后试验电压为（　　）UN，但不低于1000V。
   A 0.5　　　B 1　　　C 1.5　　　D 2
6. 水泵检修中，要求主轴及传动轴直线度为（　　）mm/m。
   A 0.01　　　B 0.05　　　C 0.1　　　D 0.2
7. 水泵机组电路过负荷保护触发的原因不含（　　）。
   A 设备启动时电流过大　　　　　B 电机卡转导致电流过大
   C 水泵堵塞导致电流过大　　　　D 电机冷却效果差导致电流过大
8. 高压单排配电柜柜后维护通道最小宽度为（　　）mm。
   A 500　　　B 600　　　C 700　　　D 800
9. 新投入的电容器组第一次充电时，应在额定电压下冲击合闸（　　）次。
   A 1　　　B 2　　　C 3　　　D 4
10. 水泵发生下列所述（　　）情况时，可以不用立即停机。
    A 冷却水进入轴承油箱
    B 阀门阀板脱落
    C 水泵突然发生极强的噪声和振动
    D 水泵不吸水，压力表无压力
11. 某一台电机的绝缘等级为F级它的绕组允许温度为（　　）℃（电阻法）。
    A 105　　　B 120　　　C 130　　　D 140
12. 交流耐压试验加至试验标准电压后的持续时间没有特别说明的，一般为（　　）。
    A 30s　　　B 1min　　　C 5min　　　D 10min
13. 绝缘等级为E异步电动机运行时转子绕组允许的温升为（　　）℃。

| A 75 | B 85 | C 95 | D 105 |

14. 异步电机当采用滚动轴承运行时允许的最高温度为(　　)℃。

| A 65 | B 75 | C 85 | D 95 |

15. 当电动机运行额定转速为3000r/min时，轴承振动允许双振幅为(　　)mm。

| A 0.01 | B 0.02 | C 0.05 | D 0.1 |

16. 下列关于运行中异步电机检查项目中正确的有(　　)。①电动机的温升及发热情况；②轴承温度、轴承的油位、油色及油环的转动状况；③电动机和各接触器有无异常声音、异味，各部温度、振动及轴向窜动的变化状况及开关控制设备状况；④电动机的周围环境，通风条件等；⑤测量绕组绝缘电阻。

| A ①②③④ | B ②③④⑤ | C ①③④⑤ | D ①②④⑤ |

17. 下列关于电机启动后噪声大的说法错误的是(　　)。

A 电源缺相
B 转子不平衡或者转子扫膛
C 风叶碰壳或者风扇损坏
D 轴承润滑脂或者润滑油加得过多

18. 高压设备上工作需要全部停电或部分停电时所填的工作票为(　　)。

A 第一种工作票
B 第二种工作票
C 第三种工作票
D 停电作业工作票

19. 下列有关电压不平衡对电机影响，错误的是(　　)。

A 电机温升增高
B 效率降低
C 输出功率增加
D 增加电机噪声和振动

20. 排泥阀收到开阀命令后，没有排泥水流出的可能原因是(　　)。

A 对于压力关闭的排泥阀，可能是由于压力源消失
B 检修阀处于关闭状态
C 对于压力关闭的排泥阀，可能是排泥阀膜片破损
D 检修阀处于开启状态

21. 以下对电力变压器的检修，描述不正确的是(　　)。

A 变压器的大修是指变压器的吊芯检修，应尽量安排在室内进行
B 吊出芯子，应将芯子直接放置在平整的地上
C 变压器的小修指变压器的外部检修，不需吊芯的检修
D A类检修属于电力变压器的不停电检修

22. 并联电容器组运行中，系统电压不变、频率升高时，电容器(　　)。

A 电流增大
B 电流减小
C 电流不变
D 使电源电压降低

23. 变频器是通过改变电机工作电源(　　)的方式来控制交流电动机的电力控制设备。

| A 电流 | B 电压 | C 电阻 | D 频率 |

24. 变频器采用矢量控制方式时主要是为了提高变频调速的(　　)。

A 静态性能
B 动态性能
C 对磁场的控制
D 对转矩的控制

25. 电压型变频器采用(　　)滤波。

A 电容　　　　　B 电感　　　　　C 电压　　　　　D 电流

26. 在 U/F 控制模式下，当输出频率比较低时，会出现输出转矩不足的情况，因此，要求变频器具有(　　)功能。

A 频率偏置　　　　　　　　　　B 转差补偿
C 转矩补偿　　　　　　　　　　D 段速控制

27. 变频器的上限频率是指(　　)。

A 变频器的运行频率　　　　　　B 变频器的最高运行频率
C 变频器的最低运行频率　　　　D 工频运行频率

28. 在电机启停过程中，变频器出现过流保护动作，需重新设置(　　)。

A 最大输出频率　　　　　　　　B 加速/减速时间
C 变频器的转矩特性　　　　　　D 变频器的基频

29. 为了保护变频器，不受电网谐波影响，在变频器的输入端应安装有(　　)。

A 接触器　　　　B 电抗器　　　　C 电容器　　　　D 熔断器

30. 新装变频器的调试工作中，大体应遵循的原则是(　　)。

A 先空载、继轻载、后重载　　　B 先重载、继轻载、后空载
C 先重载、继空载、后轻载　　　D 先轻载、继重载、后空载

31. 变频器在定期检查电解电容时，其容值应大于额定值的(　　)%，否则应更换。

A 70　　　　　　B 75　　　　　　C 80　　　　　　D 85

32. 变频器电阻器的绝缘电阻应不低于(　　)MΩ。

A 0.5　　　　　 B 1　　　　　　 C 1.5　　　　　 D 2

33. 变频器停电检查时需等充电指示灯熄灭，并测量确认直流电压已降到(　　)V 以下，再进行检查。

A 25　　　　　　B 50　　　　　　C 75　　　　　　D 100

34. 变频器过载故障的原因可能是(　　)。

A 加速时间设置太短、电网电压太高
B 加速时间设置太短、电网电压太低
C 加速时间设置太长、电网电压太高
D 加速时间设置太长、电网电压太低

35. 变频器运行时过载报警，电机不过热最可能的原因是(　　)。

A 变频器过载整定值不合理、电机过载
B 电源三相不平衡、变频器过载整定值不合理
C 电机过载、变频器过载整定值不合理
D 电网电压过高、电源三相不平衡

36. PLC 的准确定义是(　　)。

A 可编程逻辑执行器　　　　　　B 可编程逻辑计算机
C 可编程逻辑控制器　　　　　　D 可编程逻辑调节器

37. 可编程控制器一般由 CPU、存储器、输入/输出接口、(　　)等部分组成。

A 电源　　　　　B 连接部件　　　C 控制信号　　　D 导线

38. PLC 中的用户存储器是用来(　　)。

A 存放制造商为用户提供的监控程序
B 给用户存放程序和数据的
C 存放命令解释程序
D 存放故障诊断程序

39. PLC 输入输出采用（　　）原理。
　　A 整流　　　　　B 光电耦合　　　　C 继电　　　　　D 晶闸管

40. 梯形图是通过连线把 PLC（　　）的梯形图符号连接在一起的连通图。
　　A 信号　　　　　B 信息　　　　　　C 指令　　　　　D 数据

41. PLC 梯形图逻辑执行的顺序是（　　）。
　　A 自上而下，自左向右　　　　　　B 自下而上，自左向右
　　C 自上而下，自右向左　　　　　　D 自下而上，自右向左

42. PLC 程序运行的基本方式是采用扫描原理，合上电源后，PLC 首先进行（　　）。
　　A 包括自诊断在内的内部处理
　　B 与其他微处理器或编程器之间的通信
　　C 输入通道信号处理
　　D 用户程序执行

43. PLC 通过以太网的通信，可以实现（　　）。①数据交换；②监控；③现场管理；④运用组态；⑤系统维护。
　　A ①②③④　　　B ①③④⑤　　　C ①②④⑤　　　D ①②③⑤

44. 机械密封泄漏量不应大于（　　）mL/h。
　　A 1　　　　　　B 2　　　　　　　C 5　　　　　　　D 10

45. 当进水管路直径大于水泵口径时，在水泵进口处需要安装一个偏心接头，必须是（　　），否则容易存气。
　　A 上平下斜　　　B 上斜下平　　　C 左平右斜　　　D 左斜右平

46. 下列属于电机试验内容的是（　　）。
　　A 合闸试验　　　　　　　　　　　B 直流电阻试验
　　C 变比试验　　　　　　　　　　　D 瓦斯试验

47. 低压电机绕组的热态绝缘电阻不应低于（　　）MΩ。
　　A 0.1　　　　　B 0.38　　　　　C 1　　　　　　　D 3.8

48. 电机空载电流一般是其额定电流的（　　）。
　　A 1/2　　　　　B 1/3　　　　　　C 1/4　　　　　　D 1/5

49. 400kW 以上水泵机组连续试运行时间不小于（　　）min。
　　A 30　　　　　B 60　　　　　　C 90　　　　　　D 120

50. 变压器大修后、事故检修和换油、加油后，应静置（　　）h。
　　A 12　　　　　B 24　　　　　　C 48　　　　　　D 72

51. 变压器的空载试验不能发现的是（　　）。
　　A 绕组匝间短路　　　　　　　　　B 铁芯、硅钢片间短路
　　C 铁芯多点接地　　　　　　　　　D 绕组绝缘整体受潮

52. 10kV 油浸变压器全部更换绕组时的交流耐压试验按（　　）kV 试验电压值的进行。

| A 10 | B 25 | C 30 | D 35 |

53. 变压器油的击穿耐压试验不可以在( )℃下进行。

| A 5 | B 25 | C 30 | D 50 |

54. 变压器基础的轨道应有( )%的坡度,轨距与轮距应配合。

| A 0 | B 1 | C 1.5 | D 2 |

55. 装有气体继电器的变压器,应使其顶盖沿气体继电器气流方向有( )%的升高坡度。

| A 0~0.5 | B 0.5~1 | C 1~1.5 | D 1.5~2 |

56. ( )是变压器的主要保护,能有效反映变压器内部故障。

A 差动保护　　　　　　　　　B 重瓦斯保护
C 过激磁保护　　　　　　　　D 零序电流保护

57. 停运( )个月以上的变压器,投入前应做绝缘子电阻和绝缘油耐压试验。

| A 3 | B 6 | C 9 | D 12 |

58. 变压器第一次投运前冲击合闸试验一般进行( )次,第一次投入不小于10min,每次间隔大于5min。

| A 3 | B 4 | C 5 | D 6 |

59. 变压器大修后主变应冲击( )次。

| A 3 | B 4 | C 5 | D 6 |

60. 对10kV真空断路器的对地、断口及相间进行交流耐压试验的电压是( )kV。

| A 18 | B 28 | C 38 | D 48 |

61. 电容器容量应相间平衡,偏差不超过总容量的( )%。

| A 1 | B 2 | C 5 | D 10 |

62. 下列属于变压器D类检修的是( )。

A 更换油枕　　　　　　　　　B 带电更换风扇电机
C 例行试验　　　　　　　　　D 变压器现场干燥

63. 在检修变压器要装设接地线时,应( )。

A 直接将接地线插入大地　　　B 先装接地端,再装导线段
C 先装导线段,再装接地端　　　D 先接零线

64. 断路器的日常检查和维护内容不包括( )。

A 检查负荷是否超过断路器的额定值
B 对分闸状态的断路器可以直接合闸检查
C 检查接线桩头连接导线有无过热现象
D 检查、核对脱扣器的整定值是否正确

65. 变压器防爆管(阀)的作用是在变压器内部发生故障时,( )。

A 隔绝油与大气接触
B 增加变压器内部骤降的压力
C 降低变压器内部骤增的压力
D 缓慢释放变压器内部骤增的压力

66. 当长期运行的电容器母线电压超过电容器额定的( )倍,应将其退出运行。

A 1.1　　　　　B 1.2　　　　　C 1.3　　　　　D 1.4

67. 在变频器中采用转差频率控制方式时需检测电动机的实际（　　）。
A 电压　　　　B 电流　　　　C 功率　　　　D 转速

68. 在变频器中常用的逆变器有（　　）等几种。
A 单结半导体管　　　　　　B 场效应半导体管
C 绝缘栅双极半导体管　　　D 功率二极管

69. 变频器制动电阻的大小以使制动电路不超过额定电流的（　　）%为宜。
A 20　　　　　B 30　　　　　C 40　　　　　D 50

70. 设定变频器的加速时间是为了防止电动机在加速时变频器会（　　）。
A 加速过电压　　　　　　　B 加速过电流
C 减速过电压　　　　　　　D 减速过电流

71. 变频器上安装的制动电阻是为了防止变频器（　　）。
A 过电压跳闸　　　　　　　B 过电流跳闸
C 接地跳闸　　　　　　　　D 短路跳闸

72. 低压变频器全部外部端子与接地端子间用500V兆欧表测量，其绝缘电阻值应在（　　）MΩ以上。
A 0.5　　　　　B 1　　　　　C 5　　　　　D 10

73. 测量变频器输入和输出电流时，一般选用（　　）仪表。
A 电磁式　　　　B 热电式　　　　C 数字式　　　　D 整流式

74. 检查滤波电容出现鼓包或实际测得电容量低于标称值的（　　）%时，需要更换电容。
A 98　　　　　B 95　　　　　C 90　　　　　D 85

75. RS232接口最大传输距离为（　　）m。
A 5　　　　　B 10　　　　　C 15　　　　　D 20

二、多选题

1. 设备修理按修理程序分类，可分为下列（　　）。
A 标准修理法　　　　　　　B 定期修理法
C 检查后修理法　　　　　　D 分部修理法
E 同步修理法

2. 泵和电机的联轴器所连接的两根轴的旋转中心应同心，联轴器在安装时必须精确地找正、对中，否则将会在联轴器上引起很大的应力，导致（　　）。
A 振动过大　　　　　　　　B 轴承磨损
C 密封环偏磨　　　　　　　D 能耗增加
E 轴承过热

3. 水泵机组试运行前需要检查（　　）。
A 电动机绝缘　　　　　　　B 轴承油位
C 盘车检查　　　　　　　　D 进口阀门开启
E 出口阀门关闭

4. 卧式离心泵机组试运行主要内容有( )。
A 机组空载试运行　　　　　　B 机组自动开停机试运行
C 机组充水试验　　　　　　　D 机组负载试运行
E 机组反转试运行

5. 新装油浸式变压器的交接内容主要有( )。
A 外观检查　　　　　　　　　B 吊芯检查
C 交接试验　　　　　　　　　D 直流电阻测量
E 耐压试验

6. 油浸式变压器器身检查包含( )。
A 引出线　　　　　　　　　　B 油循环管路
C 铁芯　　　　　　　　　　　D 绕组
E 绝缘围屏障

7. 对新安装或检修后的变压器投运前所做的检查，表述正确的是( )。
A 分接头开关位置是否正确，用电桥检测检查是否良好
B 油箱有无漏油和渗油现象
C 变压器绝缘是否合格，用500V摇表检查，测定时间不得少于5min
D 核对铭牌，查看铭牌电压等级与线路电压等级是否相符
E 呼吸器内硅胶呈蓝色或白色

8. 下列为SF_6高压断路器诊断性试验项目的是( )。
A SF_6气体成分分析　　　　　B 交流耐压试验
C 气体密封性检测　　　　　　D 气体密度表校验
E SF_6气体湿度检测

9. 新装电容器投入运行前应做( )检查。
A 电气试验应符合标准，外观完好
B 各部件连接可靠
C 电容器的开关符合要求
D 检查保护与监视回路完整，放电装置是否可靠合格
E 可以暂时解除失压保护，待投入运行后再恢复

10. 巡检中，对电容器柜进行外观检查时，要求( )。
A 绝缘件无闪络、裂纹、破损和严重脏污
B 无渗、漏油；外壳无膨胀、锈蚀
C 放电回路及各引线接线可靠
D 带电导体与各部的间距满足安全要求
E 熔丝正常，标识正确

11. 变频器靠内部IGBT的开断来调整输出电源的( )，进而达到节能、调速的目的。
A 电压　　　　　　　　　　　B 电阻
C 频率　　　　　　　　　　　D 功率
E 电流

12. 矢量控制系统在变频器中得到了实际应用，其控制方式包括（　　）。
A　PAM 控制　　　　　　　　　　B　PWM 控制
C　转差型控制　　　　　　　　　　D　转差率控制
E　无速度检测器控制

13. 变频器采用矢量控制与采用 U/F 控制比较，具有（　　）特点。
A　控制简单　　　　　　　　　　　B　静态精度高
C　静态精度略低　　　　　　　　　D　动态性能好
E　控制较复杂

14. 变频器输入启动信号，调节频率，电机不转动，可能的原因有（　　）。
A　频率设定元件损坏　　　　　　　B　电机机械卡住
C　电机的启动转矩不够　　　　　　D　变频器的电路故障
E　网络通信故障

15. 变频器的外配器件中（　　）用于抗干扰。
A　断路器　　　　　　　　　　　　B　制动电阻
C　输入滤波器　　　　　　　　　　D　输出滤波器
E　刀开关

16. 下列关于变频器定期维护，说法正确的有（　　）。
A　粉尘吸附时可用压缩空气吹扫
B　散热器油污吸附时可用清洗剂清洗
C　散热风机能运转即可不更换
D　滤波电容需定期更换
E　停机充分放电后才可检查

17. 下列关于变频器维修操作，说法正确的有（　　）。
A　维修前记录保留变频器内部关键参数
B　不允许将变频器的输出端子接在交流电网电源上
C　变频器可做耐压测试
D　必须是专业人员才可更换零件
E　更换主控板后，参数无需修改

18. 高压变频器出现"变频器无法启动"的故障时，下列做法正确的是（　　）。
A　检查控制电源上电是否正常
B　检查控制系统的设备是否正常
C　检查控制系统自检软件是否正常
D　检查远程现场的"紧急停机"按钮和控制柜门上的"紧急停机"按钮是否都处于释放（在弹出状态）
E　检查高压送电是否正常

19. 当变频器出现过热故障时，应检查（　　）。
A　环境温度是否在允许范围内　　　B　冷却风扇的运行情况
C　电机加速减速时间　　　　　　　D　负载是否超过允许运行极限
E　电网波动

20. 变频器发生过电压故障的原因主要有（   ）。
A 电源电压低于额定电压10％   B 电源电压高于额定电压10％
C 降速过快   D 电源缺相
E 电动机过载

21. 下列关于PLC维护，说法正确的有（   ）。
A 定期除尘，保持机柜内清洁
B 定期检查UPS设备
C 定期检查主、备PLC及各模板的状态
D 检查CPU上电池指示灯的状态
E 检查线路接口是否松动

三、判断题

（   ）1. 设备维护保养工作根据工作量大小和难易程度，分为日常保养、一级保养和二级保养。

（   ）2. 设备修理按修理范围分类可分为部件修理法、分部修理法和同步修理法。

（   ）3. 设备维护的二级保养以操作工为主，专业维修人员配合并指导。

（   ）4. 机械设备的修理一般包括修前准备、拆卸、修复或更换零件、部件、装配调整和试车验收等步骤。

（   ）5. 断路器低电压分合闸测试时，在电压小于30％的额定电压时不应动作。

（   ）6. 断路器安装真空灭弧室时紧固件紧固后，灭弧室弯曲、变形不得大于1mm。

（   ）7. 变压器吊心时应保证吊心重心与吊钩中心垂线重合。

（   ）8. 交流电动机大修时全部更换定子绕组后试验电压为（2UN＋1000)(V)，但不低于1000V。

（   ）9. 水泵检修后试车时应无异常噪声，各紧固件无松动。

（   ）10. 断路器整定值是指断路器整定的动作电流，一般塑壳的热保护可整定的范围为0.6～1In。

（   ）11. 低压刀开关的主要作用是检修时实现电气设备与电源的隔离。

（   ）12. 电动机空载启动不得连续超过3～5次。

（   ）13. 装有气体继电器的变压器，应使其顶盖沿气体继电器气流方向有1％～1.5％的升高坡度。

（   ）14. 变频器变频调速时具有调频和调压两种功能。

（   ）15. U/F控制是根据负载的变化随时调整变频器的输出。

（   ）16. 变频器靠内部IGBT的开断来调整输出电源的电压和频率，进而达到节能、调速的目的。

（   ）17. 变频器主要由整流、滤波、逆变、制动单元、驱动单元、检测单元、微处理单元等组成。

（   ）18. 变频器调整参数时的下降时间是指电机空载运行时间。

（   ）19. 制动电阻R的大小决定了变频器的制动能力。

（　）20．散热风机和滤波电容器属于变频器的损耗件，有定期强制更换的要求。

（　）21．可编程控制器具有体积小、功能强、灵活通用与维护方便等一系列优点。

（　）22．PLC采用循环扫描工作方式，集中采样和集中输出，避免了触点竞争，大大提高了PLC的可靠性。

（　）23．外部设备短距离与PLC通信时，可以采用RS-232C连接。

（　）24．电机绕组的冷态绝缘电阻按照交流1000V、直流1500V分界，分别为不低于5MΩ和50MΩ。

（　）25．通过电机空载检查试验，可以检查电机的启动性能、电机振动、响声情况、轴承、电刷和绕线转子运转状态以及装配质量等。

（　）26．1000V以上高压电容器应装在单独的电容器室内，不得与变压器、配电装置等共用一室。

（　）27．在水泵机组中，变频器的是利用改变交流电的频率来调整电机的转速，最终达到调节流量的目的。

（　）28．变频器偏置频率设置太小，在模拟频率信号到达之前，变频器容易过流跳闸。

（　）29．正确选用合适变频器需要考虑设备类型、负载特性、调速范围、控制方式、使用环境、防护结构等因素。

（　）30．在变频器实际接线时，控制电缆靠近变频器，以防止电磁干扰。

（　）31．对于带有转矩自动增强功能的变频器，启动转矩为100%以上，可以带全负载启动。

（　）32．变频器轻载低频运行，启动时过电流报警，变频器此故障的原因可能是U/F比设置过高。

（　）33．变频器安装接线时，输入电源必须接到端子R、S、T上，输出电源必须接到端子U、V、W上。

（　）34．变频器在安装调试时，应等充电指示灯熄灭后，用万用表确认直流电压降到安全电压（DC25V以下）后再操作。

（　）35．变频器与其他控制部分分区安装是为避免变频器工作时的电磁干扰。

（　）36．变频器维修时应注意铝电解电容器正、负极方向安装正确，不得悬空。

（　）37．为有效地抑制外部干扰，PLC的I/O接口单元都配有光电隔离和浪涌保护等电路。

（　）38．PLC更换电池时要尽量短，防止RAM中的程序消失。

四、简答题

1．简要说明真空断路器维修和检修的周期与内容。

2．水泵检修内容有哪些？

3．从效率角度出发，在选用变频器功率时，要注意哪几点？

4．简述变频器的维修步骤。

5．PLC有哪五种标准编程语言？

第 10 章 供水企业的节电技术

一、单选题

1. 我国城市供水企业单位电耗是指（　　）。
   A 生产每立方米水量消耗的电量
   B 生产每立方米水量消耗的电量
   C 生产每十立方米水量消耗的电量
   D 生产每一百立方米水量消耗的电量

2. 三四类供水企业可允许按上述机泵的综合效率降低（　　）算得的综合单位电耗作为考核指标。
   A 3%　　　　　B 5%　　　　　C 7%　　　　　D 10%

3. 电压的调整：《评价企业合理用电技术导则》GB/T 3485—1998 规定："企业受电端在额定电压范围内，企业内部供电电压偏移允许值，一般不应超过电压的（　　）"。
   A ±5%　　　　B ±7%　　　　C 8%　　　　　D ±10%

4. 《评价企业合理用电技术导则》GB/T 3485—1998 规定：一次变压的线损率应达到下列指标（　　）。
   A 3.5%　　　　B 5%　　　　　C 6%　　　　　D 8%

5. 国家标准规定测量或计算谐波的次数不少于（　　）次。
   A 13　　　　　B 15　　　　　C 17　　　　　D 19

6. 在供电规则中，规定必须提高用电功率因数。高压用户，必须保证功率因数在（　　）以上；小容量用户应保证在（　　）以上和农业用户应保证（　　）以上。
   A 0.95，0.9，0.85　　　　　　B 0.9，0.85，0.8
   C 0.85，0.8，0.75　　　　　　D 0.8，0.75，0.7

7. 功率因素 0.84 及以下每降低 0.01，月电费增加（　　）%。
   A 1　　　　　B 2　　　　　C 3　　　　　D 4

8. 有一变压器额定容量为 200kVA，功率因数 0.8，其可负载的最大有功功率为（　　）kW。
   A 200　　　　B 220　　　　C 100　　　　D 160

9. 定子电压控制提速装置的调速范围为（　　）%。
   A 50～100　　B 60～100　　C 70～100　　D 80～100

10. 定子电压控制调速 100% 转速下总效率为（　　）。
    A 约 0.80　　B 约 0.85　　C 约 0.90　　D 约 0.95

二、多选题

1. 影响供水企业电能消耗的主要原因有（　　）。
   A　设备的标称效率　　　　　　　　B　设备的安装精度
   C　设备的保养频次　　　　　　　　D　设备电缆选型
   E　设备的运行工况

2. 降低工厂内部线损的主要措施有（　　）。
   A　增加变压器数量　　　　　　　　B　提高功率因数
   C　均衡三相负荷　　　　　　　　　D　使用铜芯电缆
   E　增加电缆埋线深度

3. 降低电能损耗的主要方法有（　　）。
   A　使用无功补偿装置提高供电系统功率因数
   B　合理选用变压器，减少变压器在供配电系统中的电能损耗
   C　改造或更新低效高耗产品，采用高效节能设备
   D　将架空电缆改为埋地电缆
   E　保证设备的额定运行工况，降低功率因数

4. 谐波的危害有（　　）。
   A　影响继电器特性，造成误动作
   B　影响电力计量设备准确性
   C　易造成电力电容器过负荷和损坏
   D　对自控装置各类传感器、通信造成严重干扰
   E　增加变压器损耗，影响变压器使用效率

5. 过大无功功率将造成的不利后果有（　　）。
   A　降低发电机有功功率输出，发电成本提高
   B　降低送、变电设施的能力
   C　使电网的损耗增加，浪费电能
   D　增大电网的电压损失，恶化运行调节
   E　提高电网的功率因数，提高成本

6. 提高自然功率因数的方法有（　　）。
   A　合理选配电动机，使其接近满载运行
   B　更换轻负荷的异步电动机
   C　提高电力变压器的负荷率
   D　将架空电缆改为埋地电缆
   E　提高设备检修频次

三、判断题

（　　）1. 节约用电数＝（去年同期用电单耗值－本期用电单耗值）×本期千立方米水量（kWh）。

（　　）2. 节约电量数＝（用电单耗指标＋实际单耗指标）×计算供水量。

（　　）3. 端电压过低时，电动机可能烧坏。

（　　）4. 缩短配线长度，导线的截面适当放大，可以减少线路压降。

（　　）5. 三次变压的线损率应达到8%。

（　　）6. 维持较高的负荷率，可减少变压器扩配电线路的损耗。

（　　）7. 实际最大需量超过合同核定值105%时，超过105%部分按基本电费加一倍收取；未超过合同核定值105%，按合同核定价收取。

（　　）8. 申请暂停时间每次不少于30日，每一日历年暂停、减容期限累计时间不超过六个月。

（　　）9. 功率因数可根据电压表、电流表、功率表同一时间的读数，按下列公式计算：$\cos\varphi = P/(\sqrt{3}UI)$，其中 P 为三相功率表的读数。

（　　）10. 校核接入电网的电力电容器组是否会发生有害的并联谐波，串联谐波和谐振放大，防止电力设备因谐振过电流或过电压而损坏，应根据实际存在谐波情况，可采取加装串联电抗器等措施，保证电力设备安全运行。

（　　）11. 在三相供电系统中，单相电容器的额定电压与电力网的额定电压相同时，电容器应采用三角形接法。

（　　）12. 用改变鼠笼异步机定子电压实现调速的方法称为调压调速。

（　　）13. 可控硅串级调速装置的特点为首次投资低。

（　　）14. 电流型变频器调速范围在10%~80%。

（　　）15. 三四类供水企业可允许按上述机泵的综合效率降低5%算得的综合单位电耗作为考核指标。

（　　）16. 当单相电容器的额定电压较电网的额定电压低时，应采用星形连接。

（　　）17. 城市供水行业的用水泵上的电机调速，一般的目的是节约电能，降低单耗，以提高水泵的运行效率。

（　　）18. 变频调速是：异步电动机转速随着电源频率增加而升高，降低而减慢。

（　　）19. 转子串电阻调速范围为0~100%。

（　　）20. 对于100kW以下小容量水泵，调速水泵的初投资是首先要考虑的因素，一般认为在五年内能由节电而回收投资就可以了。

（　　）21. 异步电动机定子绕组△接法改为Y接法，改接后的电动机的容量，应当大致等于电动机原铭牌容量的45%~86%。

（　　）22. 交流接触器通常以交流电操作，存在响声大、耗电多、铁芯及线圈温升高等缺点。

（　　）23. 绕线式异步电动机的转子绕组，当启动完毕后，通入直流电流，使转子牵入同步，作为同步电动机运行，称为异步电动机同步化。

（　　）24. 全流量变化型水泵运行一般不采用变频调速。

（　　）25. 电磁离合器节能效果大。

（　　）26. 可控硅串级调速系统50%转速效率约为0.88。

（　　）27. 同期用电单耗对比法：节约用电数=（去年同期用电单耗值+本期用电单耗值）×本期千立方米水量（kWh）。

（　　）28. 电压过高时同样对电机产生危害，会影响电机运行效率。

（　　）29. 正确选用变压器的变比的电压分接头，一般变压器通过分接开关调整电压分接头，以使变压器的二次电压相对额定电压有±5%的增加或降低。

（　　）30. 二次变压的线损率应达到5.5%。

四、简答题

1. 降低工厂内部线损的主要措施有哪些？
2. 谐波的危害有哪些？
3. 过大的无功功率将造成哪些不利后果？
4. 什么是异步电动机同步化运行，有哪些优点？

第11章 机电维修安全技术

一、单选题

1. 高压设备上工作需全部停电或部分停电的应填写（　　）。
   A 第一种工作票　　　　　　　B 第二种工作票
   C 停电操作票　　　　　　　　D 停电须知

2. 工作票应一式两份，其中一份应保存在工作地点，由（　　）收执。
   A 操作人员　　　　　　　　　B 工作负责人
   C 安全管理人员　　　　　　　D 值班人员

3. 10kV 及以下电气设备不停电的安全距离是（　　）m。
   A 0.5　　　　B 0.7　　　　C 1.0　　　　D 1.5

4. 35kV 电气设备不停电的安全距离是（　　）m。
   A 0.5　　　　B 0.7　　　　C 1.0　　　　D 1.5

5. 关于接地线的叙述，正确的是（　　）。
   A 接地线装设应先接导体端接地端，后接接地端
   B 接地线的作用是为了防止突然来电或高压电感对人体产生危害
   C 在接电线和设备间连接熔断器
   D 使用缠绕方式连接接地线

6. 装设接地线应（　　）。
   A 先接导线端，后接地端　　　B 先接接地端，后接导线端
   C 接地端与导线端同时接　　　D 接地端与导线端谁先接都行

7. 下列关于接地装置说法，错误的是（　　）。
   A 接地电阻应符合要求
   B 接地装置连接部位应良好，无松动，脱焊现象
   C 接地材料应绝缘
   D 接地标志应齐全明显

8. 低压电气设备的地面外露铜接地线中绝缘导体最小截面积是（　　）mm^2。
   A 1　　　　　B 1.5　　　　C 2　　　　　D 4

9. 接地体采用电弧焊连接时应采用搭接焊缝，其搭接长度，扁钢应为其宽度的（　　）倍。
   A 2　　　　　B 4　　　　　C 6　　　　　D 8

10. 下列绝缘安全用具不属于基本安全用具的是（　　）。
    A 绝缘手套　　B 绝缘棒　　　C 绝缘夹钳　　D 验电器

11. 绝缘夹钳的绝缘试验周期为（　　）。

A 6个月　　　　B 1年　　　　C 2年　　　　D 3年

12. 绝缘手套、绝缘靴的绝缘试验周期为(　　)。

A 6个月　　　　B 1年　　　　C 2年　　　　D 3年

13. 绝缘挡板实验周期为(　　)。

A 半年一次　　B 每年一次　　C 两年一次　　D 三年一次

14. 安全标志中警告标志用(　　)色表示。

A 红　　　　　B 黄　　　　　C 蓝　　　　　D 绿

15. 安全标志中禁止标志用(　　)色表示。

A 红　　　　　B 黄　　　　　C 蓝　　　　　D 绿

16. 如果线路上有人工作，应在线路断路器和隔离开关的操作把手上悬挂(　　)标识牌。

A 禁止合闸，有人工作　　　　B 禁止合闸，线路有人工作
C 在此工作　　　　　　　　　D 止步，高压危险

17. 应在一经合闸即可送电到施工设备的断路器和隔离开关的操作把手上悬挂(　　)标识牌。

A 禁止合闸，有人工作　　　　B 禁止合闸，线路有人工作
C 在此工作　　　　　　　　　D 止步，高压危险

18. 临时有遮拦使用要求时，遮拦的高度不小于(　　)m。

A 1.2　　　　　B 1.4　　　　　C 1.5　　　　　D 1.7

19. 为保障人身安全，防止间接触电，将设备外露可导电部分与PE线连接，称为(　　)。

A 保护接地　　　　　　　　　B 重复接地
C 保护接零　　　　　　　　　D 工作接地

20. 为了保证电气设备在正常和事故情况下可靠地工作而进行的接地叫(　　)，如变压器中性点的直接接地或经消弧线圈的接地、防雷设备的接地等。

A 保护接地　　　　　　　　　B 重复接地
C 保护接零　　　　　　　　　D 工作接地

21. 为保证人身安全，防止触电事故而进行的接地，叫作(　　)。

A 保护接地　　　　　　　　　B 重复接地
C 保护接零　　　　　　　　　D 工作接地

22. 下列属于我国安全电压序列的是(　　)V。

A 36　　　　　B 60　　　　　C 220　　　　D 380

23. 供电系统中性点TN接地方式是指(　　)。

A 将电气设备的金属外壳直接接地的保护系统
B 将电气设备的金属外壳与工作零线相接的保护系统
C 电源侧没有工作接地
D 电源侧经过高阻抗接地

24. 当电气装置发生对地短路故障后，离故障点的地或接地极的地越近，电位(　　)。

A 越高 B 越低 C 为零 D 与距离无关

25. 供电系统中性点 TN-C 接地方式中的字母 C 表示（ ）。
A 负载保护接地，但与系统接地相互独立
B 负载保护接零，与系统工作接地相连
C 零线（个性线）与保护零线共用一线
D 零线（中性线）与保护零线各自独立，各用各线

26. 下列不属于电力变压器中性点接地方式的是（ ）。
A 中性点直接接地 B 中性点经消弧线圈或电阻接地
C 中性点不接地 D 中性点经电容或电感接地

27. 供电系统中性点 TN-S 接地方式中的字母 S 表示（ ）。
A 表示负载保护接地，但与系统接地相互独立
B 表示负载保护接零，与系统工作接地相连
C 表示零线（个性线）与保护零线共用一线
D 表示零线（中性线）与保护零线各自独立，各用各线

28. 低压配电系统按接地方式的不同可分为三类，不包括（ ）。
A TT 系统 B TN 系统 C IT 系统 D IN 系统

29. 漏电保护装置应安装在通风、干燥的地方，避免灰尘和有害气体的侵蚀。安装时应与交流接触器保持（ ）cm 以上的距离。
A 20 B 30 C 40 D 50

30. 安全带应当（ ），注意防止摆动碰撞，安全带上的各种部件不得任意拆掉。
A 高挂低用 B 低挂高用
C 高挂高用 D 平挂平用

31. 下列防护用品中（ ）是保护使用者头部免受外物伤害的防护用具。
A 护目镜 B 防毒面具
C 安全帽 D 安全带

32. 连接接地体和设备接地部分的导线叫作（ ）。
A 接地线 B 接地极 C 接闪器 D 避雷器

33. 电动机相线截面积小于 25mm² 时，接地线横截面积最小（ ）。
A 2mm² B 等于相线截面积
C 25mm² D 为相线横截面积的一半

34. 垂直接地极的间距不宜小于其长度的（ ）倍。
A 2 B 4 C 6 D 8

35. 明敷设的接地线及其固定件表面应涂（ ）。
A 白漆 B 黄漆 C 红漆 D 黑漆

二、多选题

1. "两票三制"是指（ ）。
A 工作票 B 操作票
C 交接班制 D 巡回检查制

E 设备定期试验轮换制

2. 在电气设备上工作,保证安全的组织措施为(　　)。
A 工作票制度　　　　　　　　B 工作许可制度
C 工作监护制度　　　　　　　D 工作间断、转移和终结制度
E 工作承包制度

3. 在全部停电或者部分停电的电气设备上工作,必须完成下列工作(　　)。
A 停电　　　　　　　　　　　B 验电
C 装设接地线　　　　　　　　D 悬挂标志牌和装设遮拦
E 启用备用设备

4. 关于倒闸操作的说法正确的有(　　)。
A 送电时从电源侧向负荷侧送　B 送电时从负荷侧向电源侧送
C 停电时从负荷侧向电源侧停　D 停电时从电源侧向负荷侧停
E 应填写倒闸操作票

5. 下列属于工作负责人(监护人)的安全责任的是(　　)。
A 正确安全地组织工作
B 督促、监护工作人员遵守安全规程
C 工作前对工作人员交代安全事项
D 值班员所做的安全措施是否适合现场实际条件
E 负责检查工作票所列安全措施是否正确完备

6. 在全部停电或部分停电的电气设备上工作,必须完成下列工作(　　)。
A 停电　　　　　　　　　　　B 验电
C 装设接地线　　　　　　　　D 悬挂标示牌
E 装设遮拦

7. 下列绝缘安全用具属于基本安全用具的是(　　)。
A 绝缘手套　　　　　　　　　B 绝缘棒
C 绝缘夹钳　　　　　　　　　D 绝缘靴
E 绝缘垫

8. 下列绝缘安全用具属于辅助安全用具的是(　　)。
A 绝缘手套　　　　　　　　　B 绝缘棒
C 绝缘夹钳　　　　　　　　　D 绝缘靴
E 绝缘垫

9. 下列属于保护接地的是(　　)。
A 变压器中性点接地
B 电动机金属外壳接地
C 配电箱金属外壳接地
D 高压配电柜的基础接地
E 变压器中性点经消弧线圈接地

10. 安全生产的"三宝"包括:(　　)。
A 安全帽　　　　　　　　　　B 安全带

C 安全带 D 安全绳
E 护目镜垫

三、判断题

(　　) 1. 倒闸操作是指电气设备由一种状态转换到另一种状态或改变系统运行方式的一系列操作。

(　　) 2. 进行带电作业和在带电设备外壳上的工作应使用第一种工作票。

(　　) 3. 工作票是准许在电气设备上工作的书面命令,也是明确安全职责,向工作人员进行安全交底,履行工作许可手续,工作间断、转移和终结手续,并实施保证安全技术措施等的书面依据。

(　　) 4. 工作票为了方便涂改,可以使用铅笔填写。

(　　) 5. 工作票不是所有人均可签发,签发人应通过考试合格后并书面公布名单,才有资格签发。

(　　) 6. 一个工作负责人可以发给多张工作票。

(　　) 7. 工作票签发人不得兼任工作负责人。

(　　) 8. 工作间断时,所有安全措施应保持原状。当天的工作间断后又继续工作时,无需再经许可;而对隔天之间的工作间断,也无需再经许可。工作间断时,所有安全措施应保持原状。当天的工作间断后又继续工作时,无需再经许可;而对隔天之间的工作间断,在当天工作结束后应交回工作票,次日复工还应重新得到值班员许可。

(　　) 9. 工作负责人、工作许可人任何一方不得擅自变更安全措施。

(　　) 10. 装设或拆除接地线可以由一人进行。

(　　) 11. 在中性点直接接地的低压系统中,为了保证保护接零安全可靠,除在电源变压器中性点进行工作接地外,还必须在零线的其他地方进行必要的重复接地。

(　　) 12. 自然界接地极是可利用直接与大地接触的金属构件,因此,金属燃气管道也可以作为接地极。

(　　) 13. 在三相四线制系统的中性线上,允许装设开关或熔断器。

(　　) 14. 当电气装置发生对地短路故障后,离故障点的地或接地极的地越近,电位越低。

(　　) 15. 针对不同的保护目的,接地可分为防雷接地、工作接地和保护接地,其中防雷接地属于保护接地。

(　　) 16. 在 TN 系统中,电源中性点进行工作接地后,电缆或架空线引入建筑物后就无须接地了。

(　　) 17. IT 方式是电源侧没有工作接地,或经过高阻抗接地;负载侧电气设备进行接地保护的保护系统。

(　　) 18. 普通的医疗、化验用的手套能代替绝缘手套。

(　　) 19. 电气安全用具按其作用分为绝缘安全用具和非绝缘安全用具两大类。电气安全用具按其作用分为绝缘安全用具和一般防护安全用具。

(　　) 20. 绝缘手套、绝缘靴的绝缘试验周期为 1 年。

(　　) 21. 绝缘安全用具按绝缘强度分为基本安全用具和辅助安全用具。

（　　）22. 用高压验电器验电时可以不用佩戴绝缘手套。

（　　）23. 用验电器时，应戴好橡胶绝缘手套，逐渐接近有电设备，各相分别进行。

（　　）24. 如果线路上有人工作，应在线路断路器和隔离开关的操作把手上悬挂"禁止合闸，线路有人工作！"标示牌，标示牌的悬挂和拆除，应按调度员的命令执行。

（　　）25. 采用电流型漏电保护器时，配电变压器中性点可以接地，零线上允许有重复接地。采用电流型漏电保护器时，配电变压器中性点必须接地，零线上不得有重复接地。

四、简答题

1. 在电气设备上工作，保证安全的组织措施有哪些？
2. 工作票的意义是什么？
3. 在全部停电或部分停电的电气设备上工作，必须完成哪些工作？
4. 简述电气安全用具使用方法。

第12章 安全管理制度及事故隐患的处理

一、单选题

1. 生产经营单位的( )对本单位的安全生产工作全面负责。
   A 分管安全的领导　　　　　　B 主要负责人
   C 安全员　　　　　　　　　　D 值班工人

2. 最新的《中华人民共和国安全生产法》，自( )年9月1日起施行。
   A 2010　　　　B 2014　　　　C 2020　　　　D 2021

3. 安全生产工作应当以( )为本，坚持安全发展，坚持安全第一、预防为主、综合治理的方针。
   A 人　　　　　B 发展　　　　C 效益　　　　D 企业

4. 《中华人民共和国劳动法》规定：( )必须建立、健全劳动安全卫生制度，严格执行国家劳动安全卫生规程和标准，对劳动者进行劳动安全卫生教育，防止劳动过程中的事故，减少职业危害。
   A 用人单位　　B 上级主管部门　C 卫健委　　　D 人社局

5. 职业病防治工作的基本方针是( )。
   A 坚持预防为主、防治结合　　　B 早发现、早治疗
   C 救治病人、减少痛苦　　　　　D 预防为主

6. 特种设备使用单位应当按照安全技术规范的定期检验要求，在安全检验合格有效期届满前( )向特种设备检验检测机构提出定期检验要求。
   A 7d　　　　　B 10d　　　　　C 15d　　　　　D 1个月

7. 《生产安全事故报告和调查处理条例》事故分级中，一般事故是指：造成( )人以下死亡，或者10人以下重伤，或者1000万元以下直接经济损失的事故。
   A 3　　　　　B 5　　　　　　C 10　　　　　D 30

8. 特种设备在投入使用前或者投入使用后( )d内，特种设备使用单位应当向直辖市或者设区的市的特种设备安全监督管理部门登记。登记标志应当置于或者附着于该特种设备的显著位置。
   A 7　　　　　B 15　　　　　C 30　　　　　D 60

9. 企业必须对新工人进行安全生产的( )安全教育。
   A 一级　　　　B 二级　　　　C 三级　　　　D 四级

10. 特种作业操作证每( )年复审1次。
    A 1　　　　　B 3　　　　　　C 6　　　　　　D 10

11. 压力管道的( )负责本单位管道的安全工作，保证管道的安全使用，对管道的安全性能负责。

A 设计单位　　　　B 生产单位　　　　C 使用单位　　　　D 检查单位
12. 在用安全阀的检验周期是(　　)年。
A 半　　　　　　　B 一　　　　　　　C 两　　　　　　　D 三
13. 特种设备使用单位对在用特种设备应当至少每(　　)进行一次自行检查，并作出记录。
A 周　　　　　　　B 月　　　　　　　C 季度　　　　　　D 年
14. 起重机械报废的，(　　)应当到登记部门办理使用登记注销。
A 设计单位　　　　B 生产单位　　　　C 使用单位　　　　D 检查单位
15. 《氯气安全规程》GB 11984—2008 中规定，车间的空气中氯气含量最高允许浓度为(　　)mg/m³。
A 4　　　　　　　B 3　　　　　　　C 2　　　　　　　D 1
16. 用灭火器进行灭火的最佳位置是(　　)。
A 上风或侧风位置　　　　　　　　　B 下风位置
C 下风或侧风位置　　　　　　　　　D 离起火点 10m 以上距离
17. 电气设备发生火灾时首先应(　　)。
A 用水进行灭火　　　　　　　　　　B 切断电源
C 撤离现场　　　　　　　　　　　　D 向上级汇报
18. 生产经营单位的应急预案体系主要由(　　)构成。①综合应急预案；②专项应急预案；③现场处置方案；④部门应急预案。
A ①②③　　　　　B ①③④　　　　　C ①②④　　　　　D ②③④

二、多选题

1. 电气安全管理规程内容包括(　　)。
A 检修规程　　　　　　　　　　　　B 运行规程
C 电气试验规程　　　　　　　　　　D 安全作业规程
E 事故处理规程

2. 《中华人民共和国安全生产法》第三条规定，安全生产的基本方针是：以人为本，坚持安全发展，坚持(　　)。
A 安全第一　　　　　　　　　　　　B 预防为主
C 综合治理　　　　　　　　　　　　D 促进经济社会持续健康发展
E 保障人民群众的生命和财产安全

3. 事故按严重程度以及影响范围分为(　　)。
A 特别重大事故　　　　　　　　　　B 重大事故
C 较大事故　　　　　　　　　　　　D 一般事故
E 次生事故

4. 自来水厂应急预案编制应根据(　　)确定。
A 组织管理体系　　　　　　　　　　B 生产可变成本
C 生产规模　　　　　　　　　　　　D 危险源性质
E 可能发生的事故类型

83

5. 突发供水事故的现场处置，应做到（　　）。
A　保障人的安全　　　　　　　　B　遏制事故的发展
C　防范次生事故的发生　　　　　D　控制事故的范围
E　首先保证设备不受损伤

6. 加氯间蒸发器漏氯时，正确的做法有（　　）。
A　开启中和系统
B　关闭氯瓶出氯总阀
C　抢修人员佩戴好呼吸器，穿好防护衣、防护靴、戴好防护手套，进行抢修
D　向上级汇报
E　人往上风口撤离

三、判断题

（　　）1.《中华人民共和国安全生产法》规定，从业人员发现直接危及人身安全的紧急情况时，无权停止作业或者在采取可能的应急措施后撤离作业场所。

（　　）2.《中华人民共和国安全生产法》规定，从业人员应当自觉地接受生产经营单位有关安全生产的教育和培训，掌握所从事工作应当具备的安全生产知识。

（　　）3. 对从事接触职业病危害的作业的劳动者，用人单位应当按照国务院卫生行政部门的规定，组织上岗前、在岗期间和离岗时的职业健康检查，并将检查结果书面告知劳动者。职业健康检查费用由个人承担。

（　　）4. 特种作业操作证有效期为10年，在全国范围内有效。

（　　）5. 进入有限空间作业，必须做到"先通风、再检测、后作业"，严禁通风、检测不合格作业。

（　　）6. 生产经营单位只需编制应急预案即可，不用组织演练。

（　　）7. 当发生漏氯事故时，人员应往下风口撤离。

（　　）8. 当某台正在运行的机组高压柜突然跳闸时，可在没有查明原因之前，重新合闸一次。

四、简答题

1. 供水企业的事故隐患主要有哪些？
2. 触电事故的方式一般有哪几种？

泵站机电设备维修工（五级 初级工）

理 论 知 识 试 卷

注 意 事 项

1. 考试时间：90min。
2. 请仔细阅读各种题目的答题要求，在规定的位置填写您的答案。
3. 不要在试卷上乱写乱画。

	一	二	三	总分	统分人
得分					

得 分	
评分人	

一、**单选题**（共80题，每题1分）

1. 电气安全用具：指以防止电气工作人员触电或被电弧灼伤的工器具，主要有（　）：(1) 绝缘手套；(2) 绝缘鞋；(3) 高压感应静电验电器；(4) 安全绳及安全网。

　　A　(1)(2)(3)　　　　　　　　　B　(1)(2)(4)
　　C　(2)(3)(4)　　　　　　　　　D　(1)(3)(4)

2. 便携式接地线的作用是（　　）。

　　A　将电源侧直接接地，保证作业者安全
　　B　将有可能来电的方向上的电气接地，防止突然来电
　　C　设备做保护接地
　　D　设备做工作接地

3. 登高作业安全工器具：指登高往返过程中的专用工器具，或高处作业时防止高处坠落的防护用品用具。下列行为中（　　）是在登高作业中不安全之行为。

　　A　系好安全带　　　　　　　　B　木梯放牢固，无需专人监护
　　C　穿专用工作鞋　　　　　　　D　戴安全帽

4. 在使用手持式移动电动工具时要特别注意用电安全，防止发生触电事故，（　　）是必须采取的措施。

　　A　确保可触及的导电部分可靠接地

B 要确保绝缘良好，一类工具绝缘电阻值不得小于1MΩ以上
C 基本绝缘损坏后要及时用胶带包扎
D 供电侧必须要设置防漏电装置

5. 电气安全用具使用时必须注意事项，下列（　　）是错误的。
A 绝缘手套无裂纹、无机械损伤
B 携带型短路接地线导线、线卡及导线护套符合标准要求，固定螺丝无松动现象
C 单相设备电源线必须采用二芯护套软电缆
D 验电器的自检功能正常

6. 安全特低电压是在潮湿危险的环境下使用的一种供电电压，下列（　　）属于安全电压范围。
A 交流50V及以下，50Hz　　　　B 交流36V及以下，50Hz
C 直流100V以下　　　　　　　　D 交流24V及以下，50Hz

7. 下列（　　）不属于安全生产六大纪律。
A 进入工作现场，必须戴好安全帽，扣好帽扣，正确使用劳动防护用品
B 3m以上的高处悬空作业，无安全设施的必须系好安全带，扣好保险钩
C 高处作业时，不准往下面乱抛材料和工具等物件
D 吊装区域非操作人员严禁入内，吊杆下方不准站人

8. 下列不属于安全生产"三违"范畴的是（　　）。
A 违章作业　　　　　　　　　　B 违章指挥
C 违反劳动纪律　　　　　　　　D 违反道德标准

9. 安全生产事故处理的原则中，下列说法错误的是（　　）。
A 事故原因没有查清不放过
B 事故责任者没有得到处理不放过
C 职工没有受到教育不放过
D 改进、预防措施没有得到落实不放过

10. 安全生产的"三件宝"是指（　　）。
A 安全帽、安全带、安全网　　　B 安全帽、护目镜防尘罩
C 安全网、安全带、防护鞋　　　D 防护口罩、防护鞋、护目镜

11. 我国规定的安全色标准为（　　）。
A 红、黄、黑、蓝　　　　　　　B 红、黄、蓝、绿
C 红、蓝、白、绿　　　　　　　D 白、蓝、棕、黄

12. 在气焊气切割时，氧气瓶、乙炔瓶按规定存储，不得暴晒，两瓶间距应保持在（　　）m。
A 3　　　　B 5　　　　C 4　　　　D 4.5

13. 使用手提灭火器救火时应站在顺风方向，打开灭火器开关对准（　　）进行灭火。
A 火苗根部　　　　　　　　　　B 对准火苗中部
C 对准火苗上部　　　　　　　　D 对准大火猛喷

14. 我国规定的安全色标准中，蓝色所代表的意思是（　　）。
A 危险、禁止、停止　　　　　　B 必须遵守

C 警告和注意 D 安全状态或可以通行

15. 1A 等于( )μA。
A 1000 B 10 C 100 D 1000000

16. 将一根导线均匀拉长为原长度的3倍，则阻值为原来的( )倍。
A 3 B 6 C 9 D 1

17. 两只额定电压相同的电阻串联接在电路中，其阻值较大的电阻发热( )。
A 较大 B 不变 C 较小 D 不确定

18. 电流是电子的定向移动形成的，习惯上把( )定向移动的方向作为电流的方向。
A 电子 B 正电荷
C 负电荷 D 根据电路形式的不同而确定

19. 在纯电感电路中，没有能量消耗，只有能量( )。
A 变化 B 增强 C 交换 D 补充

20. 交流电的三要素是指最大值、频率、( )。
A 电压 B 电流 C 初相角 D 有效值

21. 阻值不随外加电压或电流的大小而改变的电阻叫( )。
A 固定电阻 B 线性电阻
C 非线性电阻 D 阻抗

22. 三相对称负载的功率，其中cos的相位角指的是( )之间的相位角。
A 线电压与线电流 B 相电压与线电流
C 线电压与相电流 D 相电压与相电流

23. 额定电压为220V的灯泡接在110V电源上，灯泡的功率是原来的( )。
A 2 B 4 C 1/2 D 1/4

24. 在导体中电流的分布规律，越接近于导体表面，其( )，这种现象叫集肤效应。
A 电流越大 B 电压越高
C 温度越高 D 电阻越大

25. 三相星形连接的电源或负载的线电压是相电压的( )倍，线电流与相电流不变。
A $\sqrt{3}$ B $\sqrt{2}$ C 1 D 2

26. 感应电流所产生的磁通总是企图( )原有磁通的变化。
A 影响 B 增强 C 阻止 D 衰减

27. 电磁感应是指电路的一部分导体在磁场中做切割磁力线运行，或闭合导体中( )，导体中所发生的现象。
A 磁通量发生变化 B 有磁通量通过
C 有电流通过 D 通过电流发生变化

28. 电容器上的电压升高过程是电容器中电场建立的过程，在此过程中，它从( )吸取能量。
A 电容 B 高次谐波 C 电源 D 电感

29. 电容器在直流稳态电路中相当于( )。
    A 短路   B 开路   C 高通滤波器   D 低通滤波器
30. 串联电路中,电压的分配与电阻成( )。
    A 正比   B 反比   C 1∶1   D 2∶1
31. 并联电路中,电流的分配与电阻成( )。
    A 正比   B 反比   C 1∶1   D 2∶1
32. 线圈中感应电动势的大小可以根据( )定律,并应用线圈的右手螺旋定则来判定。
    A 欧姆   B 基尔霍夫   C 楞次   D 戴维南
33. 串联电路具有以下特点( )。
    A 串联电路中各电阻两端电压相等
    B 各电阻上分配的电压与各自电阻的阻值成正比
    C 各电阻上消耗的功率之和等于电路所消耗的总功率
    D 流过每一个电阻的电流不相等
34. 电容器并联电路有如下特点( )。
    A 并联电路的等效电容量等于各个电容器的容量之和
    B 每个电容两端的电流相等
    C 并联电路的总电量等于最大电容器的电量
    D 电容器上的电压与电容量成正比
35. 互感电动势的方向不仅取决于磁通的( ),还与线圈的绕向有关。
    A 方向   B 大小   C 强度   D 零、增、减
36. 滚动轴承的温升不得超过( )℃,温度过高时应检查原因并采取正确措施调整。
    A 60~65   B 40~50
    C 30~40   D 50~60
37. 轴承在使用过程中滚子及滚道会磨损,当磨损达到一定的程度,滚动轴承将( )而报废。
    A 过热   B 卡死
    C 滚动不平稳   D 声音异常
38. 液压传动的动力部分的作用是将机械能转变成液体的( )。
    A 热能   B 电能   C 压力势能   D 机械能
39. 能保持传动比恒定不变的是( )。
    A 带传动   B 链传动
    C 齿轮传动   D 摩擦轮传动
40. 拆卸时的基本原则,拆卸顺序与( )相反。
    A 装配顺序   B 安装顺序
    C 组装顺序   D 调节顺序
41. 当工件的强度、硬度愈大时,刀具寿命( )。
    A 愈长   B 愈短   C 不变   D 没影响

42. 滚动轴承按滚动体种类分类不包括（　　）。
A 滚柱轴承　　　　　　　　　B 球轴承
C 滚针轴承　　　　　　　　　D 滑动轴承

43. 衡量油易燃性的指标是（　　）。
A 极压性　　　　　　　　　　B 润滑性
C 闪点　　　　　　　　　　　D 氧化稳定性

44. 衡量润滑油在低温下工作重要指标是（　　）。
A 极压性　　　　　　　　　　B 润滑性
C 闪点　　　　　　　　　　　D 凝点

45. 下列润滑脂的种类中使用温度最广的是（　　）。
A 钙基润滑脂　　　　　　　　B 钠基润滑脂
C 锂基润滑脂　　　　　　　　D 铝基润滑脂

46. 油环代油润滑时当油环内径 $D=45～60mm$ 时，油位高度应保持在（　　）。
A $D/3$　　　　　　　　　　　B $D/5$
C $D/4$　　　　　　　　　　　D $D/6$

47. 润滑剂的作用不包括（　　）。
A 降低摩擦功耗　　　　　　　B 冷却
C 降低噪声　　　　　　　　　D 减少磨损

48. 下列关于磨损过程说法，错误的是（　　）。
A 磨合阶段：包括摩擦表面轮廓峰的形状变化和表面材料被加工硬化两个过程
B 稳定磨损阶段：零件在平稳而缓慢的速度下磨损
C 剧烈磨损阶段：零件即将进入报废阶段
D 设备的使用寿命是磨合阶段＋稳定磨损阶段＋剧烈磨损阶段

49. 润滑油的选用原则是（　　）。
A 载荷大、温度高的润滑部件，宜选用黏度大的油
B 根据原动机的类型而定
C 润滑部件的润滑只要有润滑油就行，选什么油无关紧要
D 润滑油选用是越清澈越好

50. 电气安全用具不包括（　　）。
A 绝缘安全用具（绝缘靴、绝缘手套、绝缘操作杆、绝缘钳）
B 验电器
C 临时地线
D 开关操作手柄

51. 电气安全用具的作用不包括（　　）。
A 防止触电　　　　　　　　　B 弧光灼伤
C 高空跌落　　　　　　　　　D 防止误操作

52. 有一台变压器，一次侧施加额定电压 35kV，二次侧空载时测得输出电压为 11kV，在接入负荷电流后测得二次侧输出电压为 10.5kV，则二次输出额定电压是（　　）。

A 11kV B 10.5kV C 35kV D 不能确定

53. 三相异步电动机内部气隙增大，在其他条件不变的情况下，则空载电流（   ）。

A 不变 B 减少 C 不能确定 D 增大

54. 机泵润滑油中含水危害不包括以下（   ）。

A 水会使金属部件生锈

B 水可能堵塞油孔

C 水分可使润滑油黏度降低，减弱油膜的强度，降低润滑效果

D 水低于0℃要结冰，严重地影响润滑油的低温流动性

55. 机泵维护保养内容不包括（   ）。

A 认真执行岗位责任制及设备维护保养等规章制度

B 设备润滑做到"五定""三级过滤"，润滑器具完整、清洁

C 维护工具、安全设施、消防器材等齐全完好，置放齐整

D 巡视工作要到位

56. 水泵要定期盘车的目的不是（   ）。

A 防止泵内生垢卡住

B 防止泵轴变形

C 盘车还可以把润滑油带到各润滑点，防止轴生锈

D 防止水泵倒转

57. 不是运行中的离心泵异常发热的原因是（   ）。

A 电机缺相运行

B 通常是轴承滚珠隔离架损坏

C 轴承箱中的轴承挡套松动，前后压盖松动，因摩擦引起发热

D 泵抽空或泵的负荷太大

58. 一般不大可能是离心泵振动的主要原因是（   ）。

A 泵轴与电机不对中，连接器胶圈老化

B 泵抽空或泵内有气体

C 叶轮对称性汽蚀

D 轴向推力变大，引起串轴

59. 离心泵盘不动的原因不可能是（   ）。

A 泵的动、静部分锈死 B 填料压盖过紧
C 电气故障 D 轴承内润滑油过多

60. 离心泵运行过程中出现空车的原因是（   ）。

A 水泵进水堵塞 B 水泵承磨环间隙过大
C 水泵叶轮转速过高 D 水泵叶轮转速过低

61. 下列泵中，（   ）不是叶片式泵。

A 混流泵 B 活塞泵 C 离心泵 D 轴流泵

62. 与低转数的水泵相比，高比转数的水泵具有（   ）。

A 流量小、扬程高 B 流量小、扬程低
C 流量大、扬程低 D 流量大、扬程高

63. 水泵铭牌参数（即设计或额定参数）是指水泵在(　　)时的参数。
    A　最高扬程　　　　　　　　　B　最大效率
    C　最大功率　　　　　　　　　D　最高流量

64. 当水泵其他吸水条件不变时，随当地海拔的增高，水泵的允许安装高度(　　)。
    A　将下降　　B　将提高　　C　保持不变　　D　不一定

65. 滚动轴承的特点是(　　)。
    A　承受冲击能力较好　　　　　B　旋转精度低
    C　安装要求低　　　　　　　　D　维修保养方便

66. 填料密封是通过填料压盖将填料压紧在(　　)表面的。
    A　压盖和填料外　B　压盖　　C　填料函外　　D　轴

67. 在安装填料密封时，由于安装不当，密封压盖发生倾斜压盖与轴(　　)，会引起填料密封温度偏高。
    A　间隙变小　　　　　　　　　B　发生摩擦现象
    C　间隙变大　　　　　　　　　D　不垂直

68. 在机泵安装时，对地脚螺栓的处理方法，错误的是(　　)。
    A　彻底清除地脚螺栓上的油污
    B　螺纹部分要涂有少量油脂
    C　为了确保螺栓不会偏差，应与所固定设备连接，一次浇筑成型
    D　选用螺栓的尺寸要适宜

69. 离心泵的口环主要作用，其中描述错误的是(　　)。
    A　防止高压侧的介质渗透到低压侧
    B　承接叶轮与泵壳产生间隙
    C　防止低压侧的介质渗透到高压侧
    D　口环又称为承磨环，防止叶轮摩擦

70. 离心泵轴承箱内润滑油位一般应该高于滚动体，大约在(　　)。
    A　1/2～1/3　B　1/2以上　C　1/3以下　　D　满箱

71. 电气系统图不包括(　　)。
    A　电气原理图　　　　　　　　B　电器布置图
    C　电气安装接线图　　　　　　D　梯形图

72. 对电气原理图与安装接线图的描述错误的是(　　)。
    A　原理图是电气元器件符号加线条构成
    B　安装接线图提供各个电气元器件之间电气连接的详细信息
    C　原理图是根据控制设备的工作原理绘制，主要用于研究和分析电路工作原理
    D　安装接线图是对电气原理图的补充

73. 电气原理图中电气符号 QS，FU，KM，KT 分别代表的电气元器件正确的是(　　)。
    A　KM是中间继电器　　　　　B　KT是时间继电器
    C　FU是热继电器　　　　　　D　QS是按钮

74. 电气原理图中，电器元件的技术数据包括(　　)。

A 元器件名称、符号、功能

B 功能、型号

C 元器件名称、符号、功能、型号

D 元器件名称、符号、功能、生产厂家

75. 异步电动机的启动方式有多种，其中（　　）不适合电机重载启动。

A 定子绕组中串接电阻降压启动

B 变频启动

C 星/三角启动

D 直接启动

76. 联锁控制是控制线路中常见的一种控制方式，下列描述错误的是（　　）。

A 联锁控制是在控制线路中一条支路通电时保证另一条支路断电

B 此种控制方式是确保控制线路及所控制设备的安全可靠

C 它是防止设备误动作的技术措施之一

D 要实现联锁控制必须通过中间继电器实现

77. 确定电动机能否直接启动的因素有很多，下列（　　）是错误的。

A 电源容量　　　　　　　　B 负载性质

C 电动机的容量　　　　　　D 是否需要远程控制

78. 在低压供电系统中，对保护接零的作用描述正确的是（　　）。

A 强化低压设备供电的可靠性　　B 确保零线的可靠性

C 确保用电设备漏电时人身安全　D 保护接零可以通过保护接地来代替

79. 在低压三相供电系统中，最适合用于过载保护的是（　　）。

A 刀闸开关　　B 熔断器　　C 热继电器　　D 开关

80. 电机实现正反转时，要求错误的是（　　）。

A 电机先停止后实现反转

B 电机控制线路中要实现可靠的联锁控制

C 对所控制的负载要有明确限制

D 电机的容量必须有所限制

得　分	
评分人	

二、**判断题**（共 20 题，每题 1 分）

（　　）1. 常见叶片泵的叶轮形式有封闭式、半开式、敞开式。

（　　）2. 叶片泵的性能曲线主要有基本性能曲线、相对性能曲线、通用性能曲线、全面性能曲线、综合（或系列）型谱。

（　　）3. 水泵的比转数越大，其扬程越高。

（　　）4. 水泵与电机的轴对中对机泵能否安全、高效运行，延长无故障运行时间非常重要，应尽可能使其在一条直线上，为此，联轴器间的间隙要尽可能小。

（　　）5. 直导线在磁场中运动一定会产生感应电动势。

(　　) 6. 在均匀磁场中，磁感应强度 B 与垂直于它的截面积 S 的乘积，叫作该截面的磁通密度。

(　　) 7. 在电磁感应中，感应电流和感应电动势是同时存在的；没有感应电流，也就没有感应电动势。

(　　) 8. 负载电功率为正值表示负载吸收电能，此时电流与电压降的实际方向一致。

(　　) 9. 三相对称电源接成三相四线制，目的是向负载提供两种电压，在低压配电系统中，标准电压规定线电压为380V，相电压为220V。

(　　) 10. 高压负荷开关具有简单的灭弧装置，因而能通断一定的负荷和过负荷电流的功能，但不能断开短路电流，同时也具有隔离高压电源、保证安全的功能。

(　　) 11. 高压断路器正常情况下不能通断正常负荷电流，只能接通和承受一定时间的短路电流，并能在保护装置作用下自动跳闸，切除短路故障。

(　　) 12. 千分尺若受到撞击造成旋转不灵时，操作者应立即拆卸，进行检查和调整。

(　　) 13. 润滑油的润滑性愈好，吸附能力愈强。对于那些低速重载或润滑不充分的场合，润滑性具有特别重要的意义。

(　　) 14. 润滑脂的特点是密封简单、不需要经常添加、不易流失；对速度和温度不敏感，适用范围窄。

(　　) 15. 轴流泵启动时必须把阀门打开，阀门关闭时会导致电流过大而跳闸，离心泵则正好反。

(　　) 16. 汽蚀是水泵叶轮损坏的主要原因，尽量使泵运行在高效区间，减小泵的吸上高度可以降低泵汽蚀的发生。

(　　) 17. 接线图中所有的电气设备和电器元件都按其所在的实际位置绘制在图纸上，且同一电器的各元件根据其实际结构，使用与电路图相同的图形符号画在一起，并用画线框上，其文字符号以及接线端子的编号应与电路图中的标注一致，以便对照检查接线。

(　　) 18. 离心泵的基本方程式不能适用于轴流泵，因为它们工作原理不一样。

(　　) 19. 电气控制线路中点动和长动在电气控制中的区别是：点动按钮两端没有并接接触器的常开触点，而长动控制中，长动按钮两端并接接触器的常开触点。

(　　) 20. 在生产过程中，遇到紧急情况时，在没有得到指令的情况下，不得私自停止作业并撤离现场。

泵站机电设备维修工（四级　中级工）

理 论 知 识 试 卷

注 意 事 项

1. 考试时间：90min。
2. 请仔细阅读各种题目的答题要求，在规定的位置填写您的答案。
3. 不要在试卷上乱写乱画。

	一	二	三	总分	统分人
得分					

得　分	
评分人	

一、单选题（共80题，每题1分）

1. 国际电工委规定，电压（　　）V以下不必考虑防止电击的危险。
   A　36　　　　　　B　50　　　　　　C　25　　　　　　D　110
2. 停电检修时，在一经合闸即可送电到工作地点的开关上，应该挂设（　　）标识。
   A　在此工作　　　　　　　　　　B　止步，高压危险
   C　禁止合闸，有人工作　　　　　D　设备检修
3. 变配电所进线高压为（　　）kV，按照国家规定，每两年做一次预防性试验，以发现运行中设备的隐患，预防发生事故或损坏设备。
   A　10　　　　　　　　　　　　　B　20
   C　35　　　　　　　　　　　　　D　随着变电所负荷大小而确定
4. 人体触电后最大的摆脱电流为安全电流，其值一般为（　　）mA。
   A　50　　　　　　B　35　　　　　　C　30　　　　　　D　10
5. 从安全角度考虑，设备停电后，停电设备与电源之间必须做到（　　）。
   A　有警告标示牌　　　　　　　　B　有可靠接地
   C　有安全围栏　　　　　　　　　D　有明显断开点
6. 移动电器在使用过程中，必须保证绝缘良好，一旦发生漏电事故时能立即切断电源，为此必须（　　）。

A 电源必须装设熔断器　　　　　　B 必须装设空气开关
C 必须装设剩余电流保护器　　　　D 都不正确

7. 电动机铭牌应注明型号、容量、频率、电压、电流、接线方式、转速、温升、工作方法、（　　）等技术参数。
A 绝缘材料类型　　　　　　　　　B 所要求的环境温度
C 绝缘等级　　　　　　　　　　　D 负载类型

8. 采用水泥混凝土做基础时，如无设计要求，基础重量一般不小于电动机重量的（　　）倍，基础各边应超出电动机底座边缘100～150mm。
A 2　　　　　　　　　　　　　　B 3
C 4　　　　　　　　　　　　　　D 大于电动机的重量即可

9. 靠背轮传动时，轴向与径向允许误差，弹性联接时不应小于（　　）mm，刚性联接时不大于0.02mm，互相连接的靠背轮螺孔应一致，螺母应有防松装置。
A 0.05　　　　B 0.02　　　　C 0.03　　　　D 0.04

10. 电机绝缘电阻或吸收比达不到规范要求时要进行干燥处理，处理方法有两种：灯泡干燥法和电流干燥法，采用电流干燥法时，其电流大小宜控制在电机额定电流的（　　）以内。
A 100%　　　　B 80%　　　　C 60%　　　　D 40%

11. 电动机的绝缘等级是指所用绝缘材料的耐热等级，分A、B、E、F、H级。允许温升是指电动机的温度与周围环境温度相比升高的限度，对应等级的最高允许温度为（　　）℃。
A 105，120，130，155，180　　　B 120，105，130，155，180
C 105，120，155，130，180　　　D 105，120，130，180，155

12. 电动机的定子绕组通入三相交流电，产生旋转磁场，由三个在空间互相间隔（　　）电角度，对称排列的结构完全相同绕组连接而成，这些绕组的各个线圈按一定规律嵌放在定子各槽内。
A 60°　　　　B 90°　　　　C 120°　　　　D 150°

13. 定子绕组的主要绝缘项目有以下三种：(保证绕组的各导电部分与铁芯间的可靠绝缘以及绕组本身间的可靠绝缘)（1）对地绝缘：定子绕组整体与定子铁芯间的绝缘。（2）相间绝缘：各相定子绕组间的绝缘。（3）（　　）。
A 匝间绝缘：每相定子绕组各线匝间的绝缘
B 层间绝缘
C 对电机外壳绝缘
D 上述都不对

14. 由于转子导体与定子旋转磁场间相对切割而感应电动势，并产生转子电流，转子带电导体在旋转磁场中受到的电磁力形成驱动转子转动的电磁转矩使转子转动，其转向与定子旋转磁场转向（　　）。
A 相同　　　　　　　　　　　　　B 相反
C 随电机的转动方向而变化　　　　D 随负荷的性质而定

15. 在计算三相对称负载的功率时，其中的相位角应该是（　　）之间的相位角。

A 线电压与线电流　　　　　　B 相电压与线电流
C 线电压与相电流　　　　　　D 相电压与相电流

16. 串联谐振是指电路呈纯(　　)性。
A 电阻　　　B 电容　　　C 电感　　　D 电抗

17. 导线和磁力线发生相对切割运动时，导线中会产生感应电动势，它的大小与(　　)有关。
A 电流强度　　B 电压强度　　C 导线运动方向　　D 导线有效长度

18. 电流互感器的准确度 D 级是用于接(　　)的。
A 测量仪表　　B 指示仪表　　C 差动保护　　D 计算机保护

19. 电压互感器的一次绕组的匝数(　　)二次绕组的匝数。
A 大于　　　B 远大于　　　C 小于　　　D 远小于

20. 接线较复杂的图中，导线连接用中断线表示，通常采用(　　)编号法。
A 相对　　　B 绝对　　　C 顺序　　　D 逻辑

21. 并列运行的变压器其容量之比一般不超过(　　)。
A 1∶1　　　B 2∶1　　　C 3∶1　　　D 4∶1

22. 为防止分接开关故障，应测量分接开关接头阻值，其相差不超过(　　)%。
A 0.5　　　B 1　　　C 1.5　　　D 2

23. 油浸变压器在正常情况下为使绝缘油不致过速氧化，上层油温不宜超过(　　)℃。
A 75　　　B 85　　　C 95　　　D 105

24. 变压器运行中的电压不应超过额定电压的(　　)%。
A ±2.0　　　B ±2.5　　　C ±5　　　D ±10

25. 变压器在同等负荷及同等冷却条件下，油温比平时高(　　)℃，应判断变压器发生内部故障。
A 5　　　B 10　　　C 15　　　D 20

26. 当电网发生故障时，如有一台变压器损坏，其他变压器(　　)过负荷运行。
A 不允许　　B 允许 2h　　C 允许短时间　　D 允许 1h

27. 变压器并列运行时，变比相差不超过(　　)%。
A ±0.2　　　B ±0.5　　　C ±1　　　D ±1.5

28. 电力变压器中短路电压一般为额定电压的(　　)%。
A 2～4　　　B 5～10　　　C 11～15　　　D 15～20

29. 一个实际电源的电压随着负载电流的减小将(　　)。
A 降低　　　B 升高　　　C 不变　　　D 稍微降低

30. 电路由(　　)和开关四部分组成。
A 电源、负载、连接导线　　　　B 发电机、电动机、母线
C 发电机、负载、架空线路　　　D 电动机、灯泡、连接导线

31. 星形连接时三相电源的公共点叫三相电源的(　　)。
A 中性点　　B 参考点　　C 零电位点　　D 接地点

32. 高压熔断器是对电路及电路中的设备进行短路保护的一种高压电器，当通过高压熔断器的电流超过(　　)就能使其熔体熔化而断开电路。

A 规定值 B 熔断器的额定电流
C 熔体的额定电流 D 电路的额定电流

33. 高压隔离开关主要是隔离高压电源，以保证其下端的电气设备（包括线路）与带电设备的安全距离，确保检修安全。因为没有专门的灭弧结构，所以只能切断（   ）。

A 空载电流 B 负荷电流
C 额定电流 D 单相接地电流

34. 中小容量低压异步电动机一般采用熔断器和自动开关的电磁瞬时脱扣装置做短路保护，自动开关做短路保护时，其瞬时脱扣整定值一般应躲开电机的启动电流，而用熔断器做短路保护时，其熔体选择应（   ）。

A 大于电机额定电流 B 降压启动的电机在1.5～2倍
C 降压启动的电机在2～3倍 D 大于电机启动电流

35. 电动机的软启动使电机输入电压从零以预设函数关系逐渐上升，直至启动结束，赋予电机全电压，即为软启动，在软启动过程中，电机启动转矩逐渐增加，转速也逐渐增加，它的最大好处是（   ）。

A 无冲击电流 B 减少电网影响
C 减少对机械的影响 D 很快达到额定转速

36. 变压器的工作原理是（   ）。

A 电场作用力原理 B 电磁作用力原理
C 磁场吸引 D 根据电磁感应原理

37. 检查三相变压器的连接组别的试验方法中，下列错误的是（   ）。

A 直流法 B 双电压表法
C 直流电桥法 D 相位法

38. 变压器分接开关接触不良会使（   ）。

A 三相绕组的直流电阻增大 B 三相绕组的泄漏电流增加
C 三相电压降低 D 三相绕组的绝缘电阻降低

39. 运行中的电压互感器二次侧不允许（   ）。

A 开路 B 短路 C 接地 D 接仪表

40. 为降低变压器铁芯中的（   ）叠片间要互相绝缘。

A 无功损耗 B 电压损耗 C 短路损耗 D 涡流损耗

41. 变压器的空载损耗与（   ）。

A 负载的大小有关 B 负载的性质有关
C 电压的高低有关 D 负载的暂载率有关

42. 变压器二次侧视在功率与额定容量之比称为（   ）。

A 负载率 B 效率 C 利用率 D 均不是

43. 当故障电压超过保护整定值时，发出跳闸命令或过电压信号的保护是（   ）。

A 过负荷保护 B 低电压保护 C 过渡保护 D 过电压保护

44. 中型油浸式变压器采用的冷却方式是（   ）。

A 油浸自冷 B 油浸风冷 C 油浸水冷 D 空气自冷

45. 下列保护类型中按保护性质分类是（   ）。

A　电流速断保护、母线保护、差动保护

B　过负荷保护、发电机保护、瓦斯保护

C　电流速断保护、过流保护、差动保护

D　母线保护、线路保护、发电机保护

46. 变压器在运行中对进线电压有一定要求，根据供电电压等级的不同而规定有不同范围。供电电压过高，会造成变压器的(　　)损耗增加。

　　A　铁损　　　　B　铜损　　　　C　铜损和铁损　　　D　没有变化

47. 配电变压器低压侧中性点应进行工作接地，对于容量为 100kVA 及以上的，其接地电阻应不小于(　　)Ω。

　　A　0　　　　　B　4　　　　　C　8　　　　　　D　10

48. 一般 10kV 变电所供电容量有所限制的，为保护变电所内电气设备，需要设置(　　)保护。

A　过流保护、低压保护、差动保护

B　过电流保护、电流速断保护、变压器瓦斯保护、差动保护

C　过电流保护、电流速断保护、变压器瓦斯保护

D　过电流保护、电流速断保护、变压器瓦斯保护、低压保护

49. 防止电力系统雷击过电压是保证供电系统安全运行的非常重要的一方面，为此，通常采取(　　)防雷措施。

A　金属外壳接地

B　加装有避雷针、避雷线和避雷器

C　加装避雷针、金属外壳接地

D　加装避雷装置、将金属外壳与地绝缘

50. 由于短路时电流不经过负载，只在电源内部流动，内部电阻很小，使电流很大，强大电流将产生很大的热效应和机械效应，可能使电源或电路受到损坏，或引起火灾。预防短路的措施错误的是(　　)。

A　确保电气设备绝缘良好　　　　B　在供电系统中加装短路保护

C　采取电气互锁措施　　　　　　D　完善接地系统

51. 在对电气设备进行性能试验时要确定设备的额定发热电流，规定电器在 8h 工作制下，各部件的(　　)不超过极限值时所能承载的最大电流。

　　A　温度　　　　　　　　　　　B　流过的电流

　　C　温升　　　　　　　　　　　D　流过的发热电流

52. 液压传动，是用液体作为工作介质，通过动力元件，将原动机的机械能转换为液压能，然后通过管道、控制元件，借助执行元件将油液的(　　)，驱动负载实现直线或回转运动。

A　液压能转换为机械能　　　　　B　势能转换为机械能

C　动能转换为机械能　　　　　　D　机械能转换为动能

53. 孔径较大时，应取(　　)的切削速度。

　　A　任意　　　　B　较大　　　　C　较小　　　　D　中速

54. 锉刀共分三种：有普通锉、特种锉，还有(　　)。

A 刀口锉　　　　B 菱形锉　　　　C 整形锉　　　　D 椭圆锉

55. 将能量由原动机传递到（　　）的一套装置称为传动装置。

A 工作机　　　　B 电动机　　　　C 汽油机　　　　D 接收机

56. 孔的最小极限尺寸与轴的最大极限尺寸之代数差为正值叫（　　）。

A 间隙值　　　　B 最小间隙　　　C 最大间隙　　　D 最大过盈

57. 油泵的及油高度一般应限制在（　　）mm 以下，否则易于将油中空气分离出来，引起汽蚀。

A 1000　　　　　B 6000　　　　　C 500　　　　　 D 600

58. 流量控制阀是靠改变（　　）来控制、调节油液通过阀口的流量，而使执行机构产生相应的运动速度。

A 液体压力大小　　　　　　　　　B 液体流速大小
C 通道开口的大小　　　　　　　　D 液体压力和流速的大小

59. 直流电压表的分压电阻必须与其测量机构（　　）。

A 断开　　　　　B 串联　　　　　C 并联　　　　　D 短路

60. 测量时先测出与被测量有关的电量，然后通过计算求得被测量数值的方法叫作（　　）测量法。

A 直接　　　　　B 间接　　　　　C 替换　　　　　D 比较

61. 用直流单电桥测量一估算值为几个欧的电阻时，比例应选（　　）。

A ×0.001　　　　　　　　　　　B ×1
C ×10　　　　　　　　　　　　 D ×100

62. 测量额定电压为 6000V 高压电机的绝缘电阻时，应选用额定电压为（　　）V 兆欧表。

A 500　　　　　 B 1000　　　　　C 2500　　　　　D 380

63. 电工仪表测出的交流电数值以及一些电气设备上所标的额定值一般是指交流电的（　　）。

A 平均值　　　　B 最大值　　　　C 有效值　　　　D 不确定

64. 变压器的电流速断保护与（　　）保护配合，以反映变压器绕组及变压器电源侧的引出线套管上的各种故障。

A 过电流　　　　B 过负荷　　　　C 瓦斯　　　　　D 低压

65. 当大接地系统发生单相金属性接地故障时，故障点零序电压（　　）。

A 与故障相正序电压同相位　　　　B 与故障相正序电压相位相差180°
C 超前故障相正序电压 90°　　　　D 滞后故障相正序电压 90°

66. 电流互感器是（　　）。

A 电流源，内阻视为无穷大　　　　B 电压源，内阻视为零
C 电流源，内阻视为零　　　　　　D 电压源，内阻视为无穷大

67. GIS 装配时，其空气相对湿度应小于（　　）%。

A 50　　　　　　B 60　　　　　　C 70　　　　　　D 80

68. 断路器基础的中心距离及高度的误差不应大于（　　）mm。

A 20　　　　　　B 25　　　　　　C 10　　　　　　D 15

69. 母线与电气设备端子连接时，不应使设备端子受到超过允许的外加( )。
   A 接力　　　B 压力　　　C 应力　　　D 剪力

70. 设备线夹与设备端子搭接面，铜与铜( )。
   A 应搪锡　　B 应镀锌　　C 应镀银　　D 无需处理

71. 在安装现场，如发现有人违章作业，有权制止的人员是( )。
   A 工地负责人　　　　　　B 安全监督员
   C 现场施工人员　　　　　D 班组长

72. 联轴器找正，使用的主要计量工具是( )。
   A 转速表　　B 百分表　　C 水平仪　　D 千分尺

73. 机泵及风机等设备安装的位置的测检与调整是安装工艺过程中的主要工作，它的目的是调整设备的中心线、标高和( )，使三者的实际偏差达到允许偏差要求。
   A 同心度　　B 水平性　　C 偏差　　　D 误差

74. 为保证安装精度，要对所安装的设备反复调整，这一过程通常我们称之为平车，其中对中仪的作用是( )。
   A 找正　　　B 找平　　　C 找标高　　D 找正及找平

75. 紧固设备的地脚螺栓时，顺序及力度非常重要，一般为了保持均衡，应该从设备的中心开始，然后( )，同时施力要均匀，全部紧完后按原顺序再紧一遍。
   A 按顺时针进行　　　　　B 按逆时针进行
   C 两边对角交错进行　　　D 左右交替进行

76. 设备安装完成后必须要经过试车环节，其目的是综合检查以前各工序的施工质量，发现机械设备在设计制造等方面的缺陷，下列试车环节错误的是( )。
   A 先通电、空载、负载　　B 先轻载后重载
   C 先低速后高速　　　　　D 根据设备类型来决定前述顺序

77. IGBT属于( )控制型元件。
   A 电流　　　B 电压　　　C 电阻　　　D 频率

78. 在变频调速系统中，变频器的热保护功能能够更好地保护电动机的( )。
   A 过热　　　B 过流　　　C 过压　　　D 过载

79. 三相异步电动机的转速除了与电源频率、转差率有关，还与( )有关系。
   A 磁极对数　B 电源电压　C 磁感应强度　D 磁场强度

80. 利用温差法装配时，加热包容件时，未经热处理的装配件，加热温度应低于( )℃。
   A 500　　　B 600　　　C 400　　　D 300

得　分	
评分人	

二、判断题（共20题，每题1分）

( ) 1. 变频器的接地必须与动力设备的接地点分开，不能共地。

（　　）2. 采用外控方式时，应接通变频器的电源后，再接通控制电路来控制电动机的启、停。

（　　）3. 钳形电流表可以测量直流电流。

（　　）4. 接地电阻的大小主要与接地线电阻和接地体电阻的大小有关。

（　　）5. 人们常用"负载大小"来指负载电功率大小，在电压一定的情况下，负载大小是指通过负载的电流的大小。

（　　）6. 加在电阻上的电压增大到原来的2倍时，它所消耗的电功率也增大到原来的2倍。

（　　）7. 电阻两端的交流电压与流过电阻的电流相位相同，在电阻一定时，电流与电压成正比。

（　　）8. 三相负载星形连接时，线电流等于相电流。

（　　）9. 在三相四线制低压供电网中，三相负载越接近对称，其中性线电流就越小。

（　　）10. 变频器的输出不但能改变电压，而且同时也能改变频率；软启动器用于电机启动时，输出只改变电压，并没有改变频率。

（　　）11. 电力系统的电压过高或过低，都会影响设备的使用寿命的。因此，为保证供电质量，必须根据系统电压变化情况进行调节。改变分接头就是改变次级线圈匝数，即改变变压器的变化，亦改变了电压，故起到调压作用。

（　　）12. 常用继电器按动作原理分为电磁型、感应型、磁电型、电动型。

（　　）13. 黏度值的大小不影响摩擦副的运动阻力，但对润滑油膜的形成及承载能力具有决定性的作用。

（　　）14. 使用浸油润滑时，当 $n>3000r/min$，油位在轴承最下部滚珠中心以下，但不低于滚珠下缘。

（　　）15. 机械设备就位前，必须对设备基础混凝土强度进行测定，一般应待混凝土强度达到50%以上，设备才可就位安装。

（　　）16. 大型机械设备基础就位安装前需要进行预压，预压的重量为自重和允许加工件最大重量总和的1.25。

（　　）17. 水泵铭牌的参数（即设计或额定参数）是指水泵在最大流量时的参数。

（　　）18. 变频器的加速时间是指从0Hz上升到基本频率所需要的时间，减速时间是指从基本频率下降到0Hz所需要的时间。

（　　）19. 中间直流环节采用大电感滤波的属于电压源变频装置。

（　　）20. Y/yn0连接的变压器，其中性线上的电流不应超过低压绕组额定电流的25%。

泵站机电设备维修工（三级 高级工）

理 论 知 识 试 卷

注 意 事 项

1. 考试时间：90min。
2. 请仔细阅读各种题目的答题要求，在规定的位置填写您的答案。
3. 不要在试卷上乱写乱画。

	一	二	三	总分	统分人
得分					

得 分	
评分人	

一、单选题（共60题，每题1分）

1. 电流通过人体的任何一个部位都可能致人死亡，以下电流路径最危险的是（　　）。
   A 右手到脚　　　　　　　　B 一只脚到另一只脚
   C 左手到前胸　　　　　　　D 左手到脚

2. 在中性点不接地的380V/220V低压系统中，一般要求保护接地电阻小于等于（　　）Ω。
   A 1　　　　　B 4　　　　　C 10　　　　　D 0.5

3. 在架空线路附近吊装作业时，起重机具、吊物与线路之间最小距离，1kV以下不应小于（　　）m，1~10kV不应小于2m。
   A 1.5　　　　B 2　　　　　C 2.5　　　　　D 1

4. 在高压设备上检修时，下列（　　）行为是错误的。
   A 先实施停电安全措施，再在确认停电的设备及附属装置的回路上进行工作
   B 检修工作结束后，要确认现场工作人员及所有措施、工具撤离现场，再送电试运行
   C 设备通电后需要再对其接地线等进行复查
   D 送电时要按顺序逐级进行，每个步骤要稍有间隔

5. 在TN—C—S系统中，对PE线除了在总箱处必须和N线连接外，其他各分箱处

均不得把 N 线与 PE 线相连接，PE 线上不许安装（　　）。
　A 开关　　　　　B 开关和熔断器　　C 接地线　　　　D 带电设备

6. 对 TN—S 系统，下列描述错误的是（　　）。
　A N 线可能有不平衡电流，PN 线上没有电流流过
　B N 线只能做单相照明负载回路
　C PE 线要重复接地
　D N 线必要时可以装设开关

7. 要使电弧熄灭，必须使触头间电弧离子的（　　）。
　A 去游离率大于游离率　　　　　B 去游离率等于游离率
　C 去游离率小于游离率　　　　　D 去游离率小于等于游离率

8. 高压负荷开关具有灭弧装置，有一定的灭弧能力，在配电线路中（　　）。
　A 既能通断一定的负荷电流及过负荷电流，也能断开短路电流
　B 只能通断一定的负荷电流及过负荷电流，不能断开短路电流
　C 既不能通断过负荷电流，也不能断开短路电流
　D 只能断开变压器空载电流，不能断开额定负荷电流

9. 在配电线路中，前后两级低压熔断器之间的选择性配合应满足（　　）。
　A 前级为正偏差，后级为负偏差　　B 前级和后级均为正偏差
　C 前级和后级均为负偏差　　　　　D 前级为负偏差，后级为正偏差

10. 两相两继电器接线的过电流保护装置（　　）。
　A 既可以做相间短路保护，又可以做单相短路保护
　B 只能做相间短路保护，不能做单相短路保护
　C 只能做单相接地保护，不能做单相短路保护
　D 只能做单相短路保护，不能做相间短路保护

11. 带动触头的电器中，其触头的动作特点是（　　）。
　A 断开的触头先闭合，闭合的触头后打开
　B 断开的触头和闭合的触头同时闭合与打开
　C 主触头先闭合，辅助触头后闭合
　D 断开的触头后闭合，闭合的触头先打开

12. 短路保护的操作电源可取自（　　）。
　A 电压互感器　　B 电流互感器　　C 空气开关　　D 电容器

13. 过电流保护提高灵敏度的措施是（　　）。
　A 低电压闭锁保护　　　　　　　B 动作实行阶梯配合
　C 克服死区　　　　　　　　　　D 提高负荷率

14. 高压供电线路保护，当过电流保护动作时限大于（　　）s，应设置限时速断保护。
　A 10　　　　　B 0.5　　　　　C 1　　　　　D 5

15. 内部过电压一般可达系统正常运行时额定电压的（　　）倍，可以依靠绝缘配合而得到解决。
　A 3～3.5　　　　B 5　　　　　C 10　　　　　D 7～7.5

16. 总等电位连接是将电气装置的（　　）与附近的所有金属管道、构件在进入建筑物

处接向总等电位连接端子板。
   A 防雷接地线   B 相线
   C 地线   D PE 线或 PEN 线

17. 在低压供电系统中，PE 线与 PEN 线的区别主要是（　　）。
   A PE 线是保护接地线，PEN 线是有良好接地的保护接零线
   B PE 线是保护接零，PEN 线是保护接地
   C PE 线是保护人体，PEN 线是保护设备
   D PEN 线可以作为工作零线，PE 线可以作为工作接地

18. 混凝土的凝固和达到应有的强度是利用了（　　）。
   A 水化作用   B 氧化作用   C 催化作用   D 干化作用

19. 下列电工指示仪表中若按仪表的测量对象分，主要有（　　）等。
   A 实验室用仪表和工业测量仪表   B 功率表和相位表
   C 磁电系仪表和电磁系仪表   D 安装式仪表和可携带式仪表

20. 在低压供电系统中，人体触及外壳带电设备的一点同站立地面一点之间的电位差称为（　　）。
   A 单相触电   B 两相触电
   C 接触电压触电   D 跨步电压触电

21. 小型 PLC 的点数范围是（　　）。
   A 256 点以下   B 256 点以上
   C 256 到 1k 之间   D 1k 以上

22. 要求 PLC 有输出既能带直流负载，又能带交流负载，PLC 的输出点的结构应采用（　　）。
   A 继电器型   B 双极型   C 晶闸管型   D 干接点

23. 定时器状态数据（操作数）的存取方式分为（　　）。
   A 位存取   B 字节存取   C 字存取   D 双字存取

24. CPU222 最大可扩展的模块个数为（　　）。
   A 0   B 2   C 4   D 7

25. CPU224 集成有（　　）个 I/O 点。
   A 10   B 14   C 24   D 40

26. TONR 为（　　）类型的定时器。
   A 通电延时   B 有记忆的通电延时
   C 断电延时   D 有记忆的断电延时

27. 正弦波脉冲宽度调制英文缩写是（　　）。
   A PWM   B PAM   C SPWM   D SPAM

28. 对电动机从基本频率向上的变频调速属于（　　）。
   A 恒功率   B 恒转矩   C 恒磁通   D 恒转差率

29. 对于风机类的负载宜采用（　　）的转速上升方式。
   A 直线型   B S 型   C 正半 S 型   D 反半 S 型

30. 在三相异步电动机的变频调速系统中，有两种调速情况：一种是从基频向下调

速,另一种是从基频向上调速,从基频向下调速的特性为( )。
A 具有恒转矩调速性质　　　　B 具有恒功率调速性质
C 频率向下,电压不变　　　　　D 它是一种削弱磁场的调速性质

31. IGBT 属于( )控制型元件。
A 电流　　　　B 电压　　　　C 电阻　　　　D 频率

32. 变频器的调压调频过程是通过控制( )进行的。
A 载波　　　　B 调制波　　　C 输入电压　　D 输入电流

33. 在 U/F 控制方式下,当输出频率比较低时,会出现输出转矩不足的情况,要求变频器具有( )功能。
A 频率偏置　　B 转差补偿　　C 转矩补偿　　D 段速控制

34. 高压电动机检修前应检查电动机的( )及温度、轴承声音等,根据检查情况和预防性试验记录及检修记录编制大修项目及检修计划。
A 振动、电流　　　　　　　　B 振动、电压
C 启动情况、电流　　　　　　D 运行时间、振动

35. 电机重点要检查线圈有无( )、短路、断线等故障,线圈绝缘表面应无损伤、龟裂、变色、焦脆、磨损及严重变形等现象。
A 接零　　　　B 接地　　　　C 碰壳　　　　D 绝缘

36. 对电机空载试运行时要达到 30min 以上,并测量三相空载电流,不平衡值不应该超过平均值的( )%。
A 5　　　　　B 3　　　　　C 15　　　　　D 10

37. 要想保证某构件的安全,构件截面上的最大应力必须小于或等于材料的( )。
A 正应力　　　B 剪应力　　　C 许用应力　　D 破坏应力

38. 大型机械设备基础就位安装前需要进行预压,预压的重量为自重和允许加工件最大重量总和的( )倍。
A 1.15　　　　B 1.25　　　　C 1.2　　　　D 1.3

39. 设备基础垫铁可分为矩形垫铁、斜插式垫铁、开口垫铁等,承受主要负荷的垫铁组,应使用( )。
A 平垫铁　　　B 成对斜垫铁　C 成对开口垫铁　D 斜垫铁

40. 大型水泵机组在安装调试时,平车是一个关键环节,它直接影响机组能否长期平稳、高效、安全运行。平车时重点要确保两轴之间的轴向和径向偏差在合理范围内,一般是( )。
A 先调整轴向间隙,后调整径向间隙
B 先调整径向间隙,后调整轴向间隙
C 先调整联轴器在轴上的位置,后调整径向间隙
D 先调整径向间隙,后调整联轴器在轴上的位置

41. 在水泵机组安装完成后试运转环节,要特别注意运转的声音,各部位的温度,各项监测仪表的数值是否在正常范围,一般要求水泵轴承温度限定在( )℃。
A 50　　　　　B 80　　　　　C 90　　　　　D 100

42. 对于采用不对应接线的断路器控制回路,控制手柄在"跳闸后"位置而红灯闪

光，这说明（　　）。
  A 断路器在合闸位置　　　　　　B 断路器在分闸位置
  C 断路器合闸回路辅助触点未接通　D 主回路断电

43. 电力变压器在系统事故状态下，为保证重要负荷的连续供电，可允许短时间内超负荷运行，超负荷运行对变压器影响最大的是（　　）。
  A 油温过高，引发瓦斯保护动作　　B 铜耗增加
  C 内部绝缘老化，缩短使用寿命　　D 供电电压降低

44. 按照规定，电力变压器正常使用的环境温度一般不超过40℃，对油浸式变压器的内部温升也有限制，即变压器顶层油温不得超过（　　）℃。
  A 60　　　　B 85　　　　C 90　　　　D 95

45. 中小型变压器一般采用高压熔断器来进行过流及短路保护，在选择熔体电流时，要求其躲过变压器允许的正常过负荷电流，变压器的空载合闸时的励磁电流以及（　　）。
  A 低压侧大型电动机的启动电流
  B 大型电动机瞬时断开的冲击
  C 允许并联运行的变压器并列时的环流影响
  D 低压侧供电末端相间短路电流

46. 电流速断保护实际上是一种瞬时动作的过电流保护，其动作时限仅仅为继电器本身的固有动作时间，它的选择性依靠的是（　　）。
  A 依靠继电器本身固有动作时间的区别
  B 依靠选择适当的动作电流来解决
  C 依靠选择不同类型的速断保护的继电器
  D 继电器的加速装置

47. 在断路器的控制回路中，信号系统是用来指示一次设备运行状态的二次系统，一般有事故信号、预告信号以及（　　）。
  A 短路信号　　　B 过流信号　　　C 低压信号　　　D 断路器位置信号

48. 提高供电系统的功率因数可以降低线路损耗，提高电气设备的利用效率，常用的方法除了采用变频调速系统人为调节以外，并联电容器补偿是常规方法，在三相系统中采用三角形接法时，不是其优缺点的是（　　）。
  A 一相击穿造成二相短路
  B 一相电容器断线，仍可正常工作
  C 电容量相同的电容器三角形的比Y形的等效容量大
  D 短路电流仅为工作电流的3倍

49. 高压断路器及其操作机构，必须每三年至少进行一次检修，高压断路器在断开（　　）次过流以上故障后要进行临时性检修。
  A 1　　　　B 2　　　　C 3　　　　D 4

50. 液压系统的油箱中油的温度一般在（　　）℃范围内比较合适。
  A 40～50　　　B 55～65　　　C 65～75　　　D 不超过80

51. 下列润滑脂种类中广泛用于工程上的是（　　）。
  A 钙基润滑脂　　　　　　　　　B 钠基润滑脂

C 锂基润滑脂　　　　　　　　　　D 铝基润滑脂

52. 电动机滚动轴承最高允许温度为（　　）℃。
A 85　　　　B 90　　　　C 95　　　　D 100

53. 测量主回路绝缘电阻时所用兆欧表的电压等级应符合国家标准规定，在测量低压部分、连接电缆及二次回路时，就采用（　　）V 兆欧表，其绝缘电阻值不应小于（　　）MΩ。
A 500，5　　B 1000，1　　C 500，1　　D 1000，5

54. 剩余电流保护器在不同的接地形式中有不同的接线要求，通过其中的 N 线不得（　　），并且保护线（PE）不得（　　）。
A 重复接地，接入剩余电流保护器
B 重复接零，接入剩余电流保护器
C 接入剩余电流保护器，重复接地
D 接入剩余电流保护器，重复接零

55. 电气装置在进行系统接地、保护接地及建筑物的防雷接地等采用同一接地装置时，要求（　　）。
A 接地装置的接地电阻值就小于 4Ω 以下
B 接地装置的接地电阻应该符合其中最小值的要求
C 必须满足上述两条方可
D 根据系统的电压等级确定其接地阻值的大小

56. 移动式用电设备应用专用的（　　）颜色导线接地，接地线的截面积不得小于（　　）mm²。
A 黄/蓝，1.5　　B 红色，2　　C 黑色，2.5　　D 绿/黄，2.5

57. 水厂的自动控制目前采用（　　），此方式是对各处理构作物和工序分别进行现场自控，在全厂的总调度室只进行数据的显示、记录、处理、打印等。
A 分区控制、分散监测　　　　　B 集中监测、集中控制
C 分散控制、集中监测　　　　　D 集中控制、分散监测

58. 混凝处理的目的主要是除去水中的胶体和（　　）。
A 悬浮物　　B 有机物　　C 沉淀物　　D 无机物

59. 目前大型水厂对水的消毒处理通常采用加氯消毒，但是，氯气是一种极易挥发的剧毒化学品，必须做到安全第一，万无一失，目前防漏氯的方法主要是中和法，它是利用氯气（　　）进行收集，中和处理。
A 密度比空气小　　　　　　　　B 密度比空气大
C 容易气化　　　　　　　　　　D 不易扩散

60. 高压电动机的保护不同于低压电动机，由于高压电机的容量相对较大，电压等级比较高，所以对高压电机的过流、短路保护一般依靠（　　）实现。
A 电流互感器二次接入零序电流继电器实现
B 高压熔断器过流保护，断路器进行短路保护
C 电流互感器二次采用不完全星形的两相两继电器过电流保护
D 通过电压互感器检测电压的变化

得 分	
评分人	

二、**多选题**（共10题，每题2分）

1. 齿轮传动的基本要求是（   ）。
   A 传递运动准确　　　　　　　　B 冲击和振动小
   C 承载力强　　　　　　　　　　D 使用寿命长
   E 传动速度快

2. 可编程控制器的输出形式是（   ）。
   A 继电器　　　　　　　　　　　B 晶闸管
   C 晶体管　　　　　　　　　　　D 接触器
   E 断路器

3. 可编程逻辑控制器能够存储和执行命令，进行（   ）操作。
   A 逻辑运算　　　　　　　　　　B 顺序控制
   C 定时　　　　　　　　　　　　D 计数
   E 算术运算

4. 为实现 SF_6 密度的监测需要采集 SF_6 的（   ）指标。
   A 温度　　　　　　　　　　　　B 湿度
   C 露点　　　　　　　　　　　　D 压力
   E 成分

5. 电力系统中从安全角度提出来的"五防"有下列（   ）几项。
   A 防止带负荷分、合隔离开关　　B 防止带接地线合断路器
   C 防止小动物　　　　　　　　　D 防止误入带电间隔
   E 防止误分、误合断路器

6. 变压器瓦斯保护的范围是（   ）。
   A 铁芯夹具松动　　　　　　　　B 匝间短路，匝间与铁芯或外皮短路
   C 铁芯故障　　　　　　　　　　D 油面下降或漏油
   E 变压器内部相间短路

7. 二次设备常见的异常和故障有（   ）。
   A 直流系统异常、故障　　　　　B 二次接线异常、故障
   C 电流、电压互感器等异常、故障　D 雷击造成二次继保误动
   E 继电器故障

8. 在安装离心泵时，要符合（   ）要求。
   A 与泵连接的管路应具有独立、牢固的支撑
   B 吸入和排出管路的直径，不应小于泵的入口和出口直径
   C 泵轴的中心标高要应低于吸水液面的标高
   D 多台泵有可能并联运行时，每台泵出口应装设止回阀
   E 吸入口应使用同心变径管

9. 水泵汽蚀对水泵的安全高效运行影响很大，为了减少水泵汽蚀，可以采取（　　）。
A　采用铜质或不锈钢叶轮　　　　　B　降低水泵吸上高度
C　使水泵泵轴标高高于进水水位　　D　出水管路安装止回阀
E　降低水泵出水扬程

10. 大型离心泵在解体检查维修时重点是以下几项（　　）。
A　轴套磨损情况，若磨损严重，要分析其具体原因
B　转子叶轮、轴套、密封环等的径向跳动值
C　检查叶轮汽蚀情况，并弄清产生汽蚀的具体原因
D　水泵是否运行在高效区间
E　检查轴承情况，必要时更换

得　分	
评分人	

三、判断题（共20题，每题1分）

（　　）1. 为了有效地防止因设备漏电而发生事故，电气设备应采用接地和接零双重保护。

（　　）2. 滚动轴承内圈与轴径的配合，外圈与轴承座孔的配合一般多选用过盈配合。

（　　）3. 拧紧力矩的大小，与螺纹联接件材料预紧应力的大小及螺纹直径有关。预紧应力不得大于其材料屈服点的70％。

（　　）4. 圆盘式联轴器不能补偿偏移量。

（　　）5. 晶闸管调速电路常见故障中，电动机的转速调不下来，可能是给定信号的电压不够。

（　　）6. 在电源中性点不接地系统中，若发生一相接地时，其他两相的对地电压升高为线电压。

（　　）7. 电流互感器在正常工作时，二次阻抗很小，接近于短路状态。使用中不允许在二次回路中串联熔断器和开关，或者使其开路，以免出现危险的高压，危及人身和设备安全。

（　　）8. 在电动机单向全压启动连续运行的控制线路中，若自锁触点熔焊在一起，则通电后电动机不能自行启动，也无法用停止按钮使其正常停车。

（　　）9. 由于三相异步电动机的启动电流是额定电流的5～7倍，通常不采用过电流继电器代替热继电器做过载保护。原因是其过电流继电器的整定范围一般是额定电流的1.1～4倍，当达到整定值时，过电流继电器会瞬时动作，从而影响电动机的正常启动。

（　　）10. 在《电业安全工作规程（电力线路部分）》DL 409—1991中规定：电气设备不停电时的安全距离：10kV及以下，安全距离不得小于1.0m，35kV安全距离不得小于1.5m。

（　　）11. 高压断路器的"跳跃"是指断路器合上又瞬间跳开，跳开又瞬间合上的现象。

（   ）12. 变压器在空载时，其电流的有功分量较小，而无功分量较大。因此空载运行的变压器，它的功率因数较大。

（   ）13. 三相异步电动机转子的转速越低，电动机的转差率越大，转子电动势频率越高。

（   ）14. 双极性正弦脉宽调制时，三相逆变桥同一桥臂上的两个开关管的工作状况是：在上半周期，一个开关管不停地导通与关断，另一个开关管始终关断；下半周期两个开关管状态恰好相反。

（   ）15. 变频器在通电时，输出端子、连接电缆和电动机端子都有危险电压，变频器禁止状态和电动机停转时同样可能有电压，断电 10min 以上才可维护。

（   ）16. PLC 中，定时器按照工作方式分为 TON、TONR 和 TOF 三种。

（   ）17. PLC 采用微处理器作为中央处理单元，可以对逻辑量进行控制，也可以对模拟量进行控制。

（   ）18. 三相四线系统安装熔断器时，必须安装在相线或中性线上，保护线（PE）或保护中性线（PEN）上严禁安装熔断器。

（   ）19. 变频、软启动器等带有电子器件的系统在测量绝缘电阻时，应该将电子器件分离，再用兆欧表进行测量。

（   ）20. 变频器的专用接地端子应单独可靠接地，接地电阻不得大于 1Ω。

泵站机电设备维修工（五级 初级工）

操 作 技 能 试 题

[试题1] 电动机、低压电气设备安装材料、工具及仪器仪表准备

考场准备：

序号	名称	规格	单位	数量	备注
1	记录纸		张/人	1	
2	答题纸		张/人	1	
3	草稿纸	A4	张/人	1	
4	课桌及椅子		套/人	1	
5	100m² 教室		间	1	
6	计时器		个	1	不带通信功能

考生准备：

黑色签字笔、安全帽、工作服、安全鞋。

考核内容：

(1) 本题分值：100分

(2) 考核时间：40min

(3) 考核形式：实操

(4) 具体考核要求：

① 能够准确表达设备基础安装所需要的材料。

② 能够准确全面列举设备安装的工具。

③ 能够准确全面列举设备安装的仪器仪表。

(5) 评分

配分与评分标准：

序号	考核内容	考核要点	配分	评分标准	扣分	得分
1	基础安装材料准备	能够准确表达设备基础安装所需要的材料	35	(1) 能够根据工作任务，充分考虑设备基础安装所需要的材料，钢材、混凝土、地脚螺栓、模板、铁钉、螺丝、电缆附件等，错误或缺少一项，扣5分； (2) 该项扣完为止		

续表

序号	考核内容	考核要点	配分	评分标准	扣分	得分
2	工具准备	能够准确全面列举设备安装的工具	30	(1) 能够根据工作任务，充分考虑设备安装所需要的工具，焊接设备、切割设备、榔头、扳子、起子、喷灯等，错误或缺少一项，扣5分； (2) 该项扣完为止		
3	仪器仪表准备	能够准确全面列举设备安装的仪器仪表	30	(1) 能够根据工作任务，充分考虑设备安装所需要的仪器仪表，水平尺、水平仪、对中仪、尺、绝缘电阻测试仪、万用表、测振仪等，错误或缺少一项，扣5分； (2) 该项扣完为止		
4	卷面书写	卷面书写要求整洁规范	5	(1) 卷面书写不整洁，扣1~3分； (2) 计算结果单位不正确，一处扣1分； (3) 该项扣完为止		
5	操作时间	15min 内完成	—	(1) 每超时 1min，扣 2分； (2) 超过规定时间 5min 考试结束		
	合计		100			

否定项：若考生发生作弊行为，则应及时终止考试，考生该试题成绩记为零分

评分人：　　　　　年　月　日　　　　　核分人：　　　　　年　月　日

[试题 2] 电气系统倒闸操作

考场准备：

序号	名称	规格	单位	数量	备注
1	倒闸操作票		份/人	1	
2	草稿纸	A4	张/人	1	
3	绝缘手套		付	1	
4	绝缘靴		双	1	
5	验电笔		支	1	
6	接地线		副	2	
7	安全隔离栏		套	2	
8	电气一次模拟屏		张	1	
9	教学用成套配电柜		套	1	
10	计时器		个	1	不带通信功能

考生准备：
黑色签字笔、安全帽、工作服、安全鞋。
考核内容：
(1) 本题分值：100 分
(2) 考核时间：10min
(3) 考核形式：实操
(4) 具体考核要求：
① 能够正确熟练填写操作票。
② 能够正确使用施工安全工具。
③ 能够根据操作票内容完成操作任务。
④ 能够准确描述真空系统检查的项目及要点。
⑤ 能够准确描述电气设备检查的项目及要点。
(5) 评分
配分与评分标准：

序号	考核内容	考核要点	配分	评分标准	扣分	得分
1	操作票填写	能够正确熟练填写操作票	50	(1) 根据操作任务填写操作票，要求使用专业术语，错误一处，扣5分，该项扣完为止； (2) 操作顺序错误，本题不及格； (3) 安全措施设置错误，本题不及格； (4) 操作票涂改，本题不及格		
2	安全工具使用	能够正确使用施工安全工具	15	(1) 根据操作任务，选择合适的安全工具，选择错误，扣5分； (2) 该项扣完为止		
3	倒闸操作	能够根据操作票内容完成操作任务	30	(1) 根据操作票进行倒闸操作，操作不熟练，一处扣5分； (2) 操作错误，本题不得分；		
4	卷面书写	卷面书写要求整洁规范	5	(1) 卷面书写不整洁，扣1~3分； (2) 计算结果单位不正确，一处扣1分； (3) 该项扣完为止		
5	操作时间	15min 内完成	—	(1) 每超时1min，扣2分； (2) 超过规定时间5min考试结束		
	合计		100			

否定项：若考生发生作弊行为，则应及时终止考试，考生该试题成绩记为零分

评分人：　　　年　月　日　　　　核分人：　　　年　月　日

[试题 3] 维修前安全防范要求

考场准备：

序号	名称	规格	单位	数量	备注
1	记录纸		张/人	1	
2	答题纸		张/人	1	
3	草稿纸	A4	张/人	1	
4	课桌及椅子		套/人	1	
5	100m^2 教室		间	1	
6	计时器		个	1	不带通信功能

考生准备：

黑色签字笔、安全帽、工作服、安全鞋。

考核内容：

（1）本题分值：100 分

（2）考核时间：30min

（3）考核形式：实操

（4）具体考核要求：

① 熟练掌握安全组织措施的内容。

② 熟练掌握安全技术措施的内容。

③ 熟练掌握防止人身触电的防护措施。

④ 熟练掌握防机械伤害的防护措施。

⑤ 熟练掌握防止物体打击的防护措施。

⑥ 熟练掌握防止火灾的防护措施。

（5）评分

配分与评分标准：

序号	考核内容	考核要点	配分	评分标准	扣分	得分
1	安全组织措施	熟练掌握安全组织措施的内容	15	（1）安全组织措施的种类，工作票制度、工作许可制度、工作监护制度、工作间断、转移和终结制度错误或缺少一处，扣3分； （2）该项扣完为止		
2	安全技术措施	熟练掌握安全技术措施的内容	15	（1）安全技术措施的种类，停电、验电、装设接地线、悬挂标识牌和装设遮拦，错误或缺少一处，扣3分； （2）该项扣完为止		

续表

序号	考核内容	考核要点	配分	评分标准	扣分	得分
3	人身触电防护	熟练掌握防止人身触电的防护措施	35	（1）保护接地、保护接零、重复接地，错误或缺少一处扣4分； （2）屏护和间距要求，错误或缺少一处扣4分； （3）漏电保护、绝缘防护、安全电压、电气隔离，错误或缺少4分； （4）该项扣完为止		
4	机械伤害防护	熟练掌握防机械伤害的防护措施	10	（1）常用设备机械伤害防护措施，旋转部件、运动部件等防护，错误或缺少一处扣5分； （2）该项扣完为止		
5	物体打击防护	熟练掌握防止物体打击的防护措施	10	（1）物体摆放要求，错误扣5分； （2）安全帽佩戴要求，错误扣5分； （3）该项扣完为止		
6	火灾防护	熟练掌握防止火灾的防护措施	15	（1）严禁火源的场所，缺少或错误一处扣5分； （2）灭火器的使用方式，错误扣5分； （3）电气火灾的特点及扑灭方法，错误扣5分； （4）消火栓的使用方法，错误扣5分； （5）该项扣完为止		
7	操作时间	30min	—	（1）每超时1min，扣2分； （2）超过规定时间5min考试结束		
合计			100			

否定项：若考生发生作弊行为，则应及时终止考试，考生该试题成绩记为零分

评分人：　　　　年　月　日　　　　　　核分人：　　　　年　月　日

泵站机电设备维修工（四级 中级工）

操作技能试题

[试题1] 离心泵填料密封的更换

考场准备：

序号	名称	规格	单位	数量	备注
1	记录纸		张/人	1	
2	答题纸		张/人	1	
3	草稿纸	A4	张/人	1	
4	填料		kg	20	根据人数进行数量调整
5	离心泵		台	1	
6	填料填装工具		只	1	
7	计时器		个	1	不带通信功能

考生准备：

黑色签字笔、安全帽、工作服、安全鞋。

考核内容：

(1) 本题分值：100分

(2) 考核时间：40min

(3) 考核形式：实操

(4) 具体考核要求：

① 正确使用拆卸工具拆卸填料。

② 正确使用工具清理填料函。

③ 正确使用专用尺测量填料函尺寸。

④ 表述填料的材质构成、特性及应用。

⑤ 正确使用工具切割填料。

⑥ 安装填料，调整填料函滴水。

(5) 评分

配分与评分标准：

序号	考核内容	考核要点	配分	评分标准	扣分	得分
1	填料拆卸	正确使用工具拆卸填料	10	(1) 扳手选用不正确，扣5分； (2) 填料压盖、螺丝摆放不整齐，扣2分； (3) 用旋转小勾取出填料，根据熟练程度，酌情扣分		

续表

序号	考核内容	考核要点	配分	评分标准	扣分	得分
2	填料函清理	正确使用工具清理填料函	10	(1) 工具使用不正确，扣5分； (2) 根据填料函清洁情况及熟练程度酌情扣分		
3	填料函尺寸测量	正确使用专用尺测量填料函尺寸	10	(1) 填料函深度测量不正确，扣2分； (2) 填料函厚度尺寸测量不正确，扣4分； (3) 填料函长度尺寸测量不正确，扣4分		
4	填料特点	熟练表述填料的材质构成、特性及应用	15	(1) 填料材质构成表述不正确，扣5分； (2) 填料特点表述不正确，扣5分； (3) 填料应用场合表述不正确，扣5分		
5	填料切割	正确使用工具切割填料	15	(1) 切割前不用木棒滚压填料，扣5分； (2) 填料切口与轴不呈45°，扣5分； (3) 填料切口不吻合，扣5分		
6	填料安装	安装填料，调整填料函滴水	40	(1) 填料填装前，不用润滑剂润滑，扣5分； (2) 填料切口相互错口没有90°，扣5分； (3) 最外口填料切口不垂直向下，扣5分； (4) 填料压盖螺丝先用手拧紧，再用扳手拧紧，错误扣5分； (5) 填料滴水30～60滴/min，错误扣20分		
7	操作时间	40min	—	(1) 每超时1min，扣2分； (2) 超过规定时间5min考试结束		
	合计		100			

否定项：若考生发生作弊行为，则应及时终止考试，考生该试题成绩记为零分

评分人：　　　　年　月　日　　　　　　核分人：　　　　年　月　日

[试题2] 鼠笼交流异步电动机运行维护

考场准备：

序号	名称	规格	单位	数量	备注
1	记录纸		张/人	1	
2	草稿纸	A4	张/人	1	
3	绝缘摇表		只	1	
4	电桥		只	1	
5	鼠笼交流电动机		台	1	
6	计时器		个	1	不带通信功能

考生准备：

黑色签字笔、安全帽、工作服、安全鞋。

考核内容：

(1) 本题分值：100 分

(2) 考核时间：40min

(3) 考核形式：实操

(4) 具体考核要求：

① 能够熟练掌握电机运行参数。

② 能够熟练掌握电机外观检查的要点。

③ 能够熟练掌握电动机维护步骤和要点。

④ 熟练掌握电动机绕组绝缘电阻及直流电阻测试过程中的安全注意事项。

(5) 评分

配分与评分标准：

序号	考核内容	考核要点	配分	评分标准	扣分	得分
1	电机运行参数	能够熟练掌握电机运行参数	20	(1) 电源电压检查； (2) 运行电流检查； (3) 电动机的温度及温升检查； (4) 电动机的振动及声响检查； (5) 少一项扣5分		
2	电动机外观检查	能够熟练掌握电机外观检查的要点	30	(1) 环境温度检查； (2) 电动机外观整体是否清洁、有无异味； (3) 电动机散热风扇是否正常，有无摩擦、异响、风量不够等现象； (4) 电动机地脚螺栓有无松动； (5) 电动机接地线是否脱落，标识是否倾斜； (6) 轴承轮滑油是否变质、缺油； (7) 少一项扣5分		

续表

序号	考核内容	考核要点	配分	评分标准	扣分	得分
3	电动机维护	能够熟练掌握电动机维护步骤和要点	20	(1) 外观清洁; (2) 电机绕组绝缘电阻测试; (3) 电机绕组直流电阻测试; (4) 电动机润滑油更换或加注; (5) 缺少一项扣5分		
4	安全事项	熟练掌握电动机绕组绝缘电阻及直流电阻测试过程中的安全注意事项	30	测试前让设备脱离电源、充分放电、逐项测量,根据熟练程度酌情扣分		
5	操作时间	40min	—	(1) 每超时1min,扣2分; (2) 超过规定时间5min考试结束		
合计			100			

否定项:若考生发生下列情况之一,则应及时终止其试验,考生该试题成绩记为零分。
(1) 不服从现场工作人员或考官的组织安排、扰乱考试秩序。
(2) 操作失误造成设备损坏或人员受伤

评分人:　　　　年　月　日　　　　核分人:　　　　年　月　日

[试题3] 双臂电桥使用

考场准备:

序号	名称	规格	单位	数量	备注
1	草稿纸	A4	张/人	1	
2	双臂电桥		台	1	
3	被测绕组		只	1	
4	计时器		个	1	不带通信功能

考生准备:

黑色签字笔、安全帽、工作服、安全鞋。

考核内容:

(1) 本题分值:100 分

(2) 考核时间:15min

(3) 考核形式:笔试

(4) 具体考核要求:

① 能够熟练掌握仪表使用前的检查。

② 能够进行仪表接线。

③ 能够进行仪表测量与读数。

(5) 评分

配分与评分标准：

序号	考核内容	考核要点	配分	评分标准	扣分	得分
1	仪表检查	能够熟练掌握仪表使用前的检查	20	（1）检查电桥电池电量是否充足； （2）打开检流计锁扣，调节调零器使指针止于零位； （3）少一项扣 10 分		
2	仪表测量接线	能够进行仪表接线	30	（1）将被测绕组从电源脱离，并充分放电； （2）将电桥 C1、C2 接在被测绕组的外侧，P1、P2 接在被测绕组的内侧； （3）错误一项扣 15 分		
3	数据测量及读数	能够进行仪表测量与读数	50	（1）记录被测绕组的温度； （2）预估被测绕组的电阻值，选择合适的量程； （3）测量时先按下电桥的电源按钮"B"、然后按下检流计按钮"G"，当检流计指针向"+"偏时，加大比较臂电阻，当检流计指针向"－"偏时，减少比较臂电阻； （4）测量结束时先松开检流计按钮"G"，再松电源按钮"B"； （5）读出读数并记录； （6）少一项扣 10 分		
4	操作时间	15min	—	（1）每超时 1min，扣 2 分； （2）超过规定时间 5min 考试结束		
	合计		100			

否定项：若考生发生下列情况之一，则应及时终止其试验，考生该试题成绩记为零分。
（1）不服从现场工作人员或考官的组织安排、扰乱考试秩序。
（2）操作失误造成设备损坏或人员受伤

评分人： 年 月 日 核分人： 年 月 日

泵站机电设备维修工（三级　高级工）

操作技能试题

[试题1] 泵试车与验收

考场准备：

序号	名称	规格	单位	数量	备注
1	记录纸		张/人	1	
2	答题纸		张/人	1	
3	草稿纸	A4	张/人	1	
4	测振仪		台	1	
5	测温仪		台	1	
6	音珍器		只	1	
7	离心泵机组		套	1	
8	计时器		个	1	不带通信功能

考生准备：
黑色签字笔、安全帽、工作服、安全鞋。
考核内容：
(1) 本题分值：100分
(2) 考核时间：60min
(3) 考核形式：实操
(4) 具体考核要求：
① 正确描述泵试车的目的。
② 熟练掌握泵试车前的检查。
③ 熟练掌握泵带负荷试验的要求。
④ 熟练掌握泵验收的相关资料。
⑤ 正确描述水泵完好的标准。
(5) 评分
配分与评分标准：

序号	考核内容	考核要点	配分	评分标准	扣分	得分
1	水泵试车的目的	正确描述泵试车的目的	4	(1) 检查泵各部分是否存在缺陷; (2) 检查泵的工作能力是否符合要求; (3) 发现问题,及时处理; (4) 使泵在高效率下运行; (5) 少一项扣1分		
2	试车前检查	熟练掌握泵试车前的检查	24	(1) 各连接部分是否松动; (2) 轴承润滑油的油质、油量、规格是否符合要求; (3) 轴封泄漏情况是否符合要求,填料密封30~60滴/min、机械密封无泄漏; (4) 水泵阀门、管道、仪表、引水、排水系统是否正常; (5) 联轴器间隙、对中度是否符合要求; (6) 电气设备试验是否合格、电动机保护装置是否正常、电动机空载试验、转向是否正常; (7) 盘车是否灵活,无卡滞现象; (8) 运行环境是否符合要求; (9) 缺少一项扣3分		
3	水泵带载试验	熟练掌握泵带负荷试验的要求	18	(1) 先空转试验(不超过3min),再负载试验,连续负载运行不少于2h; (2) 泵运行时各部件应无杂声、摆动、剧烈振动或泄漏不良; (3) 填料温升正常,泄漏量30~60滴/min; (4) 轴承温度正常,滚动轴承不超过75℃,滑动轴承不超过70℃; (5) 机组运行时的压力、流量参数正常,附属系统运行正常; (6) 机组电流、电压正常; (7) 缺少一项扣3分		
4	水泵验收资料	熟练掌握泵验收的相关资料	18	(1) 泵检修前的运转数据:振动、噪声、温度、电流、电压、流量、压力、吸水池水位等; (2) 水泵解体各部位检查、检查记录(包括磨损、缺陷等); (3) 泵零部件修复或更换记录; (4) 各种实验记录:转子平衡记录、电气设备试验与定值整定等; (5) 主要材料和零部件的出厂合格证和检验记录; (6) 泵试运行中的运转数据:振动、噪声、温度、电流、电压、流量、压力、吸水池水位等; (7) 缺少一项扣3分		

续表

序号	考核内容	考核要点	配分	评分标准	扣分	得分
5	水泵完好标准	正确描述水泵完好的标准	36	(1) 泵进口处的有效汽蚀余量大于泵规定的汽蚀余量； (2) 水泵运行平稳，振动速度小于 2.8mm/s； (3) 水泵运行在高效区，效率不低于额定效率的 88%； (4) 水泵的噪声应小于 85dBA； (5) 水泵轴承温升不应超过 35℃，滚动轴承温度不超过 75℃，滑动轴承温度不超过 70℃； (6) 填料室滴水速度 30～60 滴/min 为宜，机械密封无泄漏； (7) 水冷轴承的进水温度不应超过 28℃，温升不大于 10℃； (8) 输送含有悬浮物介质的轴封水应有单独的清水源，且压力比泵出口压力高 0.05MPa 以上； (9) 联轴器间距及对中度符合要求； (10) 轴承润滑油的规格、油质、油量符合要求； (11) 设备外观整洁、无油污、锈迹，铜铁分明、铭牌清晰； (12) 设备不漏油、不漏电、不漏气； (13) 缺一项扣 3 分		
6	操作时间	60min	—	(1) 每超时 1min，扣 2 分； (2) 超过规定时间 5min 考试结束		
	合计		100			

否定项：若考生发生作弊行为，则应及时终止考试，考生该试题成绩记为零分

评分人：　　　　年　月　日　　　　核分人：　　　　年　月　日

[试题 2] 变压器维护保养

考场准备：

序号	名称	规格	单位	数量	备注
1	记录纸		张/人	1	
2	草稿纸	A4	张/人	1	
3	绝缘手套		付	1	
4	绝缘靴		双	1	
5	电桥		只	1	
6	摇表		只	1	
7	变压器		台	1	
8	红外温度仪		台	1	
9	计时器		个	1	不带通信功能

考生准备：

黑色签字笔、安全帽、工作服、安全鞋。

考核内容：

(1) 本题分值：100 分

(2) 考核时间：60min

(3) 考核形式：实操

(4) 具体考核要求：

① 正确描述变压器维护保养的目的。

② 熟练掌握变压器维护保养的条件。

③ 熟练掌握维护保养的内容。

④ 熟练掌握变压器完好的标准。

⑤ 正确描述变压器故障检查的分析方法。

(5) 评分

配分与评分标准：

序号	考核内容	考核要点	配分	评分标准	扣分	得分
1	维护保养的目的	正确描述变压器维护保养的目的	9	(1) 保持变压器正常状态，延长使用寿命； (2) 变压器维护保养是电气设备管理中的重要内容； (3) 维护保养到位，可以降低故障率、节约维修费用、降低成本； (4) 少一项扣3分		
2	维护保养的条件	熟练掌握变压器维护保养的条件	15	(1) 变压器试验合格，不漏油、渗油； (2) 变压器保护齐全、可靠； (3) 变压器外壳接地； (4) 具有温度检查装置； (5) 铭牌清晰可见，运行环境清洁整齐； (6) 缺少一项扣3分		
3	维护保养的内容	熟练掌握维护保养的内容	36	(1) 检查变压器运行环境温度，变压器周围有无影响运行的异物； (2) 检查变压器运行声响是否正常，是否过大、尖锐、沉闷，是否有金属敲击声； (3) 检查变压器冷却装置是否正常； (4) 检查导体连接位置是否正常，有无发红发热现象； (5) 检查变压器油温、油色、油位，有无漏油现象； (6) 检查并清洁变压器套管，无破损裂纹等其他现象； (7) 检查变压器外壳接地是否可靠； (8) 检查呼吸器是否变色，必要时更换； (9) 检查变压器线圈绝缘电阻、直流电阻； (10) 缺少一项扣4分		

续表

序号	考核内容	考核要点	配分	评分标准	扣分	得分
4	变压器完好标准	熟练掌握变压器完好的标准	36	(1) 变压器运行电压、电流正常； (2) 油位正常，油温不超过85℃； (3) 声响正常； (4) 线圈、瓷套管和分级开关的各预防性试验指标合格； (5) 变压器油的各项指标合格； (6) 变压器铭牌完整、清晰； (7) 气体继电器、油枕、温度计、吸湿器、防爆装置、散热系统、接地线等正常； (8) 外观整洁、完整，无渗漏； (9) 附件灵活正常，保护装置齐全可靠； (10) 缺少一项扣4分		
5	变压器故障检查分析的方法	正确描述变压器故障检查的分析方法	4	(1) 直观法：通过人体感官、仪表数据、继保装置等情况进行判断； (2) 解体检查法：将变压器进行解体检查，查找故障部位； (3) 缺一项扣2分		
6	操作时间	60min	—	(1) 每超时1min，扣2分； (2) 超过规定时间5min考试结束		
	合计		100			

否定项：若考生发生作弊行为，则应及时终止考试，考生该试题成绩记为零分

评分人：　　　　　　　年　月　日　　　　核分人：　　　　　　　年　月　日

[试题3] 激光对中仪的正确使用

考场准备：

序号	名称	规格	单位	数量	备注
1	草稿纸	A4	张/人	1	
2	记录纸		张/人	1	
3	激光对中仪		套	1	
4	水泵机组		套	1	
5	卷尺		把	1	
6	扳手		套	1	
7	垫片		套	1	
8	计时器		个	1	不带通信功能

考生准备：

黑色签字笔、安全帽、工作服、安全鞋。

考核内容：

(1) 本题分值：100 分

(2) 考核时间：40min

(3) 考核形式：笔试

(4) 具体考核要求：

① 能够熟练掌握仪表使用前的检查。

② 能够进行仪表安装。

③ 能够进行仪表测量与读数。

(5) 评分

配分与评分标准：

序号	考核内容	考核要点	配分	评分标准	扣分	得分
1	仪表检查	能够熟练掌握仪表使用前的检查	20	(1) 检查电桥电池电量是否充足； (2) 检查仪表零配件是否齐全； (3) 少一项扣 10 分		
2	仪表测量安装	能够进行仪表安装	30	(1) 将带有"S"标记的探测器安装在水泵侧、带有"M"标记的探测器安装的电机侧，且量探测器面对面安装； (2) 将两探测器用专用电缆连接，将显示器用专用电缆与任意一个探测器连接； (3) 错误一项扣 15 分		
3	数据测量及调整	能够进行仪表测量与读数	50	(1) 按下电源开关键开机； (2) 选择正确测量，进入测量界面； (3) 从调整端向基准端看，在 12 点钟位置调整测量单元发射激光，使两个探测器发射的激光都能达到对面探测器靶心位置； (4) 依次输入两探测器测量单元距离、S 测量单元到联轴器中心距离、S 测量单元到调整设备前地脚中心线距离、S 测量单元到调整设备后地脚中心线距离； (5) 按水平仪指示转动轴到 9 点钟距离，测量一个数据； (6) 按水平仪指示转动轴到 12 点钟距离，测量一个数据； (7) 按水平仪指示转动轴到 3 点钟距离，测量一个数据； (8) 根据测量结果，将轴转至 12 点钟方向调整垂直方向偏差并适时检查数据； (9) 根据测量结果，将轴转至 3 点钟方向调整水平方向偏差并适时检查数据； (10) 错误一项或少一项扣 5 分，扣完为止		

续表

序号	考核内容	考核要点	配分	评分标准	扣分	得分
4	操作时间	40min	—	(1) 每超时1min，扣2分； (2) 超过规定时间5min考试结束		
	合计		100			

否定项：若考生发生下列情况之一，则应及时终止其试验，考生该试题成绩记为零分。
(1) 不服从现场工作人员或考官的组织安排、扰乱考试秩序。
(2) 操作失误造成设备损坏或人员受伤

评分人：　　　　　年　月　日　　　　核分人：　　　　年　月　日

第三部分 参考答案

第四百番　めば三銭

第1章　机械学基础理论

一、单选题

1. A　2. C　3. B　4. D　5. C　6. D　7. B　8. B　9. A　10. C
11. B　12. A　13. D　14. C　15. D　16. A　17. A　18. C　19. D　20. A
21. D　22. B　23. C　24. D　25. A　26. D　27. A　28. D　29. B　30. C
31. B　32. B　33. C　34. A　35. D　36. C　37. B　38. C　39. A　40. D
41. C　42. D　43. A　44. B　45. A

二、多选题

1. CDE　2. ABC

三、判断题

1. √　2. ×　3. √　4. ×　5. √　6. ×　7. √　8. √　9. ×　10. √
11. √　12. ×　13. √　14. ×　15. ×　16. √　17. √　18. ×　19. √　20. √

【解析】

2. 转轴在工作时既承受弯曲载荷又传递转矩，但轴的本身也转动。

4. 整体式滑动轴承损坏时，一般需整体更换。

6. 滚动轴承的结构由内圈、外圈、滚动体和保持架组成。

9. 齿轮传动可以用来传递空间任意两轴的运动，且传动准确可靠、寿命长，但传递功率大。

12. 润滑油的牌号用数字表示，数值越大，黏度越高。

14. 钙基润滑脂属于皂基润滑脂。

15. 两个具有相对运动的结合面之间的密封称为静密封。

18. 一张完整的零件图，除用图表示它的形状外，还应注明有关制造和检验该零件的全部技术资料。

第 2 章 工 程 材 料 知 识

一、单选题

1. B　2. C　3. A　4. B　5. B　6. A　7. D　8. B　9. D　10. D
11. B　12. A

二、多选题

1. ABC　2. ABCDE　3. ABC　4. ACD　5. BCDE　6. AB

三、判断题

1. ×　2. √　3. √　4. √　5. √　6. √　7. √

【解析】

1. 金属材料的性能分为使用性能和工艺性能。其中使用性能是指金属材料为保证机械零件或工具正常工作应具备的性能，即在使用过程中所表现出的特性。

四、简答题

1. 不锈钢有 1Cr13、2Cr13、1Cr18Ni9 等，铸铁有 HT200、QT500-7 等，耐磨钢有 ZGMn13-1、ZGMn13-2 等高锰钢，合金调质钢有 40Cr、35CrMo、40MnB 等中碳合金钢，低合金高强度结构钢有 Q345、Q390、Q420 等。

2. 金属材料的力学性能是指金属在不同环境因素（温度、介质）下，承受外加载荷作用时所表现的行为。这种行为通常表现为金属的变形和断裂。因此，金属材料的力学性能可以理解为金属抵抗外加载荷引起的变形和断裂的能力。金属材料常用的力学性能主要有强度、塑性、硬度、韧性和疲劳强度等。

3. （1）提高金属内在抗腐蚀性；（2）涂或镀金属和非金属保护层；（3）处理腐蚀介质；（4）处理腐蚀介质。

4. 塑料的组成有树脂、填充剂、增塑剂、稳定剂、着色剂、润滑剂等；性能优质量轻、比强度高、化学稳定性好、优异的电绝缘性、工艺性能好。此外，塑料还有良好的减摩、耐磨性，优良的消声吸振性及良好的绝热性。

第3章 电气基础理论

一、单选题

1. A	2. C	3. A	4. B	5. A	6. D	7. C	8. C	9. A	10. C
11. A	12. B	13. C	14. A	15. A	16. A	17. B	18. A	19. C	20. C
21. D	22. C	23. D	24. A	25. C	26. A	27. A	28. C	29. B	30. D
31. C	32. C	33. A	34. B	35. A	36. B	37. D	38. C	39. A	40. B
41. C	42. B	43. A	44. B	45. A	46. C	47. C	48. B	49. C	50. B
51. B	52. B	53. C	54. B						

二、多选题

1. ABC   2. ABD   3. AD

三、判断题

1. √ 2. √ 3. × 4. √ 5. √ 6. × 7. √ 8. × 9. × 10. √
11. √ 12. √ 13. √ 14. √ 15. ×

【解析】

3. 输入输出设备（I/O设备），是数据处理系统的关键外部设备之一，可以和计算机本体进行交互使用。

四、简答题

1. 根据公式 $I = \dfrac{U}{R}$，所以 $I = \dfrac{220}{22} = 10A$ 再根据公式 $Q = 0.24I^2Rt$　$Q = 10^2 \times 22 \times 20 \times 60 = 2640000J$。

2. 电路就是电流通过的回路，在电路中，随着电流的通过，把其他形式的能量转换成电能，并进行电能的传输和分配、信号的处理，以及把电能转换成所需要的其他形式能量的过程；电路一般由三个主要部分组成，即电源、负载和连接导线。

3. 根据公式 $P = \dfrac{U^2}{R}$，可知 $R = \dfrac{U_1^2}{P_1}$，$R = \dfrac{U_2^2}{P_2}$ 所以 $\dfrac{U_1^2}{P_1} = \dfrac{U_2^2}{P_2}$，可得出 $P_2 = \dfrac{U_2^2}{U_1^2}P_1 = \dfrac{110^2}{220^2} \times 60 = 15(W)$。

4. 系统图、电路图、逻辑图、接线图、电气平面图及产品使用说明书的电气图。

第4章 钳工基础知识

一、单选题

1. B　2. C　3. D　4. B　5. C　6. C　7. B　8. A　9. B　10. C
11. A　12. D　13. A　14. B　15. D　16. D　17. A　18. D　19. D　20. A
21. D　22. B　23. D　24. B　25. D　26. D　27. B　28. A　29. C

二、多选题

1. ABCD　2. ABCD　3. ABCD　4. ABCE　5. ABDE　6. ACDE
7. BCD

三、判断题

1. √　2. √　3. √　4. √　5. ×　6. √　7. ×　8. √　9. √　10. ×
11. √　12. √　13. ×　14. √　15. √　16. √　17. √　18. ×　19. √　20. √
21. ×　22. √　23. √　24. ×　25. √　26. √　27. √　28. √　29. √　30. √
31. √　32. √　33. √　34. √　35. √　36. √　37. √　38. √　39. √　40. √

【解析】

5. 刮削加工属于精加工。它具有切削量小、切削刀小、加工方便和夹装变形小等特点。

7. 读数精确度为0.1mm刻度的游标卡尺读数方法：首先读出游标零线以左尺身上所显示的整毫米数；读出游标上第 n 条刻线（零线除外）与尺身刻线对齐，则 $n×0.1$ 即为所测尺寸的小数值；前者加上后者即为测得的尺寸数值。

10. 在用塞尺测量时，测量工件的表面有油污或其他杂质时需要清理干净，否则会影响测量结果。

13. 钳工加工划线时，在每个零件上的每个方向都需要选择一个基准，因此，平面划线时一般要选择两个划线基准，而立体划线时一般选择三个基准。

18. 塞尺一般用不锈钢制造，最薄的为0.02mm，最厚的为1mm。

21. 塞尺一般用不锈钢制造，不能测量温度较高的工件。

24. 使用锯弓工作时，工件不可以随意摆放，需要固定。

四、简答题

1. （1）要擦净两卡脚和工件的被测表面；
（2）将两卡脚合拢，检查主尺与副尺的零线是否对齐，对不齐时会出现测量误差；

(3) 在测量时，两卡脚要紧贴工件被测表面，不能不歪斜，大拇指推动副尺框的压力要合适，过大或过小都会出现测量误差。在测量内尺寸时（如孔、槽类零件），读出来的尺寸应加上两脚宽度；

(4) 游标精度较高，严禁测量粗糙毛坯表面，也不能用游标卡尺钩挂、敲物件，用完后应平放在盒内，以防弯曲变形。

2. 钳加工主要的方法有划线、锯削、锉削、铣削、攻螺纹、套螺纹矫正、铆接、刮削、装配等。

3. 在零件图上用来确定其他点、线、面位置的基准，称为设计基准。所谓划线基准，是指在划线时选择工件上的某个点、线、面作为依据。用它来确定工件的各部分尺寸、几何形状和相对位置。

4. 滚动轴承是精密机件，清洗时要特别仔细。在未清洗到一定程度之前，最好不要转动，以防杂质划伤滚道或滚动体。清洗时，要用汽油，严禁用棉纱擦洗。在轴上清洗时，先用喷枪打入热油，冲去旧润滑脂。然后再喷一次汽油，将内部余油完全除净。清洗前要检查轴承是否有锈蚀、斑痕，如有，可用研磨粉擦掉。擦拭要从多方向交叉进行，以免产生擦痕。滚动轴承清洗完毕后，如不立即装配，应涂油包装。

5. 刮削加工属于精加工。它具有切削量小、切削刀小、加工方便和夹装变形小等特点。通过刮削后的工件表面，不仅能获得很高的几何精度、尺寸精度、接触精度、传动精度，还能形成比较均匀的微浅凹坑，创造良好的存油条件。

第5章 电工基本知识

一、单选题

1. D   2. A   3. C   4. A   5. C   6. A   7. C   8. C   9. D   10. A
11. A   12. C   13. A   14. B   15. C   16. A   17. C   18. A   19. B   20. D
21. C   22. A

二、多选题

1. ABCD   2. ABCD   3. ABC   4. ABCDE   5. ABCE   6. ACDE   7. ACD
8. BC   9. BCD

三、判断题

1. √   2. ×   3. √   4. √   5. √   6. ×   7. ×   8. √   9. √   10. √
11. ×   12. √   13. √   14. ×   15. √   16. √   17. √   18. ×   19. ×   20. ×
21. √   22. ×   23. √   24. √   25. √   26. √   27. √   28. ×   29. √   30. √
31. √   32. √   33. √   34. ×   35. ×   36. ×   37. √   38. √   39. √

【解析】

2. 兆欧表使用前，应检查其是否完好。

6. 简谐运动中的相位差：如果两个简谐运动的频率相等，其初相位分别是 ϕ_1，ϕ_2。当 $\phi_2 > \phi_1$ 时，他们的相位差是 $\Delta\phi = (\omega_t + \phi_2) - (\omega_t + \phi_1) = \phi_2 - \phi_1$。

7. 为防止仪表受损，测量时，请先连接地线，再连接零线或火线；断开时，请先切断火线和零线，再断开火线。

11. 摇表在未停止转动前，切勿用手指触及设备的测量部分或兆欧表接线柱。拆线时也不可直接去触及引线裸露部分，以防触电。

14. 摇表必须水平放置于平稳牢固的地方，以免在摇动时因抖动和倾斜产生测量误差。

18. 电桥在使用前应先调零，调零前检流计锁扣不应扣上。

19. 直流双臂电桥是用来测量低电阻值的仪器，适用于测量 10Ω 以下小电阻。

20. 钳形电流表是一种常用的电工仪表，可以不断开电路测量。

22. 接地摇表通常用来测量接地电阻，为保证测量准确性，一般采用交流进行测量。

24. 见 19 题。

28. 钳形电流表相当于一只交流电流表加上一只电流互感器，可以测量交直流电流。

34. 双臂电桥可以消除接线电阻和接触电阻的影响，是一种测量小阻值的电桥。

35. 直流双臂电桥又叫开尔文桥，直流单臂电桥又叫惠斯登电桥。

36. 见35题。

四、简答题

1. 为防止仪表受损，测量时，请先连接零线或地线，再连接火线；断开时，请先切断火线，再断开零线和地线。为了防止可能发生的电击、火灾或人身伤害，测量电阻、连通性、电容或结式二极管之前请先断开电源并为所有高压电容器放电。为安全起见，打开电池盖之前，首先断开所有探头、测试线和附件。请勿超出产品、探针或附件中额定值最低的单个元件的测量类别（CAT）额定值。如果长时间不使用产品或将其存放在高于50℃的环境中时，请取出电池。否则电池漏液可能损坏产品。

2. 被测电阻应与电桥的电位端钮 P_1、P_2 和电流端钮 C_1、C_2 正确连接，若被测电阻没有专门的接线，可从被测电阻两接线头引出四根连接线，但注意要将电位端钮接至电流端钮的内侧。连接导线应尽量短而粗，接线头要除尽漆和锈并接紧，尽量减少接触电阻。直流双臂电桥工作电流很大，测量时操作要快，以避免电池的无谓消耗。

3. 将摇表水平位置放置，先将"L"和"E"短路，轻轻摇兆欧表的手柄，此时表针应指到零位。注意在摇动手柄时不得让"L"和"E"短接时间过长，不得用力过猛，以免损坏表头。然后将"L"与"E"接线柱开路，摇动手柄至额定转速，即达到120r/min，这时表针应指到∞位置。

4. （1）示波器法；（2）零示法；（3）直读式相位计法。

第6章 机械设备修理装配技术

一、单选题

1. C 2. A 3. B 4. A 5. C 6. B 7. A 8. C 9. D 10. C
11. D 12. C 13. D

二、多选题

1. ABCDE 2. ABCD 3. ABCDE 4. ABCDE 5. ABCDE 6. ABCDE
7. ABCD 8. ABCDE 9. ABCDE 10. ABCD 11. ABC 12. ABC
13. ABCDE 14. ACD 15. AC 16. ACD 17. BCE

三、判断题

1. × 2. √ 3. √ 4. √ 5. √ 6. × 7. √ 8. √ 9. × 10. √
11. × 12. √ 13. √

【解析】

1. 部装就是把零件装配成部件的装配过程。总装就是把零件和部件装配成最终产品的过程。

6. 两链轮的轴向偏移量必须在要求范围内。一般当中心距小于500mm时，允许偏移量 a 为1mm；当中心距大于500mm时，允许偏移量 a 为2mm。

9. 装配前，必须清除配合表面的凸痕、毛刺、锈蚀、斑点等缺陷。如果轴承上有锈迹，应用化学除锈，不用砂布和砂纸打磨。

第7章 供电设备及电气系统

一、单选题

1. D 2. A 3. B 4. A 5. C 6. A 7. D 8. B 9. A 10. B
11. A 12. A 13. A 14. A 15. A 16. B 17. D 18. C 19. C 20. A
21. C 22. B 23. A 24. C 25. B 26. D 27. A 28. A 29. B 30. D
31. D 32. D 33. D 34. D 35. B 36. C 37. A 38. C 39. C 40. B
41. C 42. A 43. C 44. C 45. A 46. C 47. C 48. D 49. C 50. C
51. B 52. A 53. A 54. C 55. C 56. A 57. A 58. D 59. D 60. C
61. B 62. C 63. A 64. B 65. A 66. B 67. B 68. A 69. A 70. D
71. C 72. D 73. D 74. B 75. C 76. B 77. D 78. B 79. D 80. B
81. D 82. A 83. B 84. A 85. A 86. A 87. A 88. B 89. C 90. B
91. C 92. B 93. A 94. B 95. B 96. B 97. D 98. A

二、多选题

1. ABCD 2. ABCD 3. ABCD 4. ABDE 5. ABC 6. ABCDE
7. ABCD 8. ABCDE 9. ABC 10. ABCD 11. ABC 12. ABC
13. BCE 14. ABC 15. ABCDE 16. ABCDE 17. ABCD 18. ABCDE
19. ABCE 20. ABCDE 21. ABDE 22. ABD 23. ACD 24. ACDE
25. ACDE 26. BCD

三、判断题

1. √ 2. × 3. × 4. × 5. × 6. √ 7. √ 8. √ 9. × 10. √
11. × 12. × 13. × 14. √ 15. √ 16. √ 17. √ 18. √ 19. √ 20. √
21. √ 22. √ 23. √ 24. √ 25. √ 26. √ 27. √ 28. √ 29. √ 30. √
31. √ 32. √ 33. √ 34. √ 35. √

【解析】

2. 变压器不能变换电流。

3. SFZ-10000/110 表示三相自然循环风冷有载调压，额定容量为 10000kVA，高压绕组额定电压 110kV 电力变压器。

4. 额定容量 SN（kVA）指额定工作条件下变压器输出能力（视在功率）的保证值。

5. 变压器的铁芯是磁路部分。

9. 铭牌上的电压值是指电动机在额定运行时定子绕组上应加的线电压，一般规定波动不大于 5%。

11. 全压启动具有启动转矩大、启动时间短、启动设备简单、操作方便、易于维护、投资省、设备故障率低等优点。降压启动，启动电流小，适合所有的空载、轻载异步电动机使用。缺点是启动转矩小，不适用于重载启动的大型电机。

12. 额定开断电流是指在额定电压下断路器能够可靠开断的最大短路电流值，它是表明断路器灭弧能力的技术参数。

13. 隔离开关没有专门的灭弧装置，因此，它不允许带负荷操作。

四、简答题

1. 直接启动；降压启动包括定子串电抗降压启动、星形三角形启动器启动、软启动器启动、用自耦变压器启动、转子绕线式电机采用转子绕组串电阻启动、变频启动。

2. 直接启动是最好的启动方式之一，它是将电动机的定子绕组直接接入额定电压启动，因此，也称全压启动。全压启动具有启动转矩大、启动时间短、启动设备简单、操作方便、易于维护、投资省、设备故障率低等优点。

3. 熔断器类型的选用：(1) 根据使用环境、负载性质和短路电流的大小选用适当类型的熔断器。(2) 熔断器额定电压和额定电流的选用，熔断器的额定电压必须等于或大于线路的额定电压。熔断器的额定电流必须大于或等于所装熔体的额定电流。(3) 熔体额定电流的选用：对照明和电热等的短路保护，熔体的额定电流应等于或稍大于负载的额定电流。对一台不经常启动且启动时间不长的电动机的短路保护，应有：$IRN \geqslant (1.5 \sim 2.5)IN$ 对多台电动机的短路保护，应有：$IRN \geqslant (1.5 \sim 2.5)INmax + \sum IN$。

4. 可靠性、选择性、快速性。

第8章 供水主要机电设备及安装

一、单选题

1. B 2. B 3. A 4. B 5. D 6. A 7. C 8. B 9. B 10. D
11. C 12. B 13. A 14. A 15. B 16. D 17. D 18. C 19. A 20. B
21. C 22. B 23. C 24. C 25. B 26. C 27. B 28. A 29. B 30. C
31. A 32. D 33. C 34. D 35. C 36. A 37. D 38. C 39. D 40. A
41. B 42. B 43. D 44. A 45. D 46. D 47. B 48. A 49. B 50. B
51. C 52. B 53. C 54. A 55. C 56. C 57. B 58. C 59. A 60. A
61. D 62. D 63. C 64. C 65. D 66. C 67. A 68. B 69. A 70. B
71. B 72. A 73. B 74. A 75. B 76. D 77. A 78. B 79. D 80. A
81. A 82. A 83. A 84. D 85. B 86. A 87. D 88. C 89. B 90. B
91. D 92. D 93. D 94. C 95. D 96. A 97. D 98. D 99. D 100. D

二、多选题

1. ACDE 2. ABCDE 3. ABCDE 4. ABCDE 5. ABCD 6. ABCE
7. ABCDE 8. ACD 9. ABCD 10. ABD 11. ABCDE 12. ABCD
13. ABCD 14. ABCD 15. ABCD 16. ABCDE 17. ABCDE 18. ABCE
19. ABC

三、判断题

1. √ 2. √ 3. × 4. √ 5. × 6. √ 7. √ 8. × 9. √ 10. ×
11. × 12. × 13. √ 14. √ 15. √ 16. √ 17. × 18. √ 19. √ 20. ×
21. × 22. × 23. √ 24. √ 25. √ 26. × 27. √ 28. × 29. √ 30. √
31. × 32. × 33. √ 34. √ 35. √ 36. × 37. √ 38. √ 39. √ 40. √
41. √ 42. √ 43. √ 44. √ 45. × 46. √ 47. √ 48. × 49. √ 50. √

【解析】

3. 填料函端面内孔边要有一定的倒角。

5. 应用木棒滚压的办法,避免用锤敲打而造成填料受力不均匀,影响密封效果。

8. 填料函的外壳温度不应急剧上升,一般比环境温度高 30～40℃可认为合适,能保持稳定温度即认为可以。

10. 间隙不大于 10mm。

11. 刮板与刮臂轴线夹角应大于 45°。

12. 离地 30cm 处装有监测探头。

17. 压力可达 35MPa。

20. 填料密封处的泄漏量不超过 8~15 滴/min。

21. 按拆卸顺序，逆时针装复传动箱部分。

22. 泵运行 6000h 后。

26. 反复试验不少于 3 次。

27. 安装阀门时，阀门的操作机构离操作地面宜在 1.2m 左右。

28. 蝶阀一般是有方向性的。安装时介质流向与阀体上所示箭头方向一致，即介质应该从阀的旋转轴（或阀杆）向密封面方向流过。中心垂直板式蝶阀的安装无方向性。

四、简答题

1. 离心水泵是通过离心力的作用，将原动机的能量，转化为被抽送液体的机械能的一种水力机械。

2. 电机经联轴器与蜗杆直联，并带动蜗轮、N 轴（偏心轮）运转，N 轴（偏心轮）带动连杆（弓形架）做往复运动，并带动柱塞做往复运动。当柱塞向后止点移动时，将吸入单向阀打开，液体被吸入；当柱塞向前止点移动时，此时吸入单向阀组关闭，排出单向阀组打开，液体被排出泵体外，使泵达到吸排液体的目的。

3. 这种分类方法既按原理、作用、又按结构划分，是目前国内、国际最常用的分类方法。一般可分为：闸阀、截止阀、旋塞阀、球阀、蝶阀、隔膜阀、止回阀、节流阀、安全阀、减压阀、疏水阀、调节阀等。

4. 电动机启动后带动曲轴旋转，通过连杆的传动，活塞做往复运动，由汽缸内壁、汽缸盖和活塞顶面所构成的工作容积则会发生周期性变化。活塞从汽缸盖处开始运动时，汽缸内的工作容积逐渐增大，这时气体即沿着进气管推开进气阀而进入汽缸，直到工作容积变到最大时为止，进气阀关闭；活塞反向运动时，汽缸内工作容积缩小，气体压力升高，当汽缸内压力达到并略高于排气压力时，排气阀打开，气体排出汽缸，直到活塞运动到极限位置为止，排气阀关闭。当活塞再次反向运动时，上述过程重复出现。总之，曲轴旋转一周，活塞往复一次，汽缸内相继实现进气-压缩-排气的过程，即完成一个工作循环。

第 9 章　供水主要机电设备维修

一、单选题

1. D	2. A	3. B	4. D	5. C	6. C	7. A	8. D	9. C	10. D
11. D	12. B	13. A	14. D	15. C	16. A	17. D	18. A	19. C	20. B
21. B	22. A	23. D	24. B	25. A	26. C	27. B	28. B	29. B	30. A
31. D	32. D	33. A	34. B	35. B	36. C	37. A	38. B	39. B	40. C
41. A	42. A	43. B	44. C	45. A	46. B	47. B	48. B	49. D	50. B
51. D	52. D	53. A	54. A	55. C	56. B	57. B	58. C	59. A	60. C
61. C	62. B	63. B	64. B	65. C	66. A	67. B	68. C	69. D	70. B
71. A	72. D	73. A	74. D	75. C					

二、多选题

1. ABC　　2. ABCDE　　3. ABCDE　　4. ABD　　5. ABCDE　　6. ABCDE
7. ABDE　　8. ABCD　　9. ABCD　　10. ABCDE　　11. AC　　12. CE
13. BDE　　14. ABCDE　　15. CD　　16. ABDE　　17. ABD　　18. ABCDE
19. ABD　　20. BC　　21. ABCDE

三、判断题

1. √	2. √	3. ×	4. √	5. √	6. ×	7. √	8. ×	9. √	10. √
11. √	12. √	13. √	14. √	15. ×	16. √	17. √	18. ×	19. √	20. √
21. √	22. √	23. √	24. √	25. √	26. √	27. √	28. √	29. √	30. ×
31. √	32. √	33. √	34. √	35. √	36. √	37. √	38. √		

【解析】

3. 二级保养以专业维修人员为主，操作工为辅。

6. 断路器安装真空灭弧室时紧固件紧固后，灭弧室弯曲、变形不得大于 0.5mm。

8. 交流电动机大修时全部更换定子绕组后试验电压为（2UN＋1000）（V），但不低于 1500V。

15. U/F 控制，就是变频器输出频率与输出电压的比值为恒定值或成比例。

18. 变频器从开始启动到达到设定上限所需要的时间定义为加速时间，减速时间，正好是相反的。

30. 控制电缆不应靠近变频器，容易产生电磁干扰。

四、简答题

1. 小修周期：每年一次。

大修周期：周期性大修每 3 年一次；已按大修项目进行了临时检修的断路器其大修周期以临修后算起。

临时性检修：切断短路故障累计达到厂家规定次数，具体次数见厂家出厂资料，一般情况下整体更换真空灭弧室。

周期性小修：发现重大缺陷时。

2. （1）小修

更换填料；检查油质、清洗油箱、更换润滑油、脂；检查橡胶轴承间隙，必要时更换；导叶体、出水弯管及传动鞋置；检查联轴器柱销及弹性圈，必要时更换；检查各紧固件，消除松动。

（2）中修

包括小修内容；检查、修理或更换钢套；检查叶片角度，进行调整；检查修理轮毂及端盖；检查滚动轴承，添加符合规定的润滑脂；检查调整全调节式叶片传动机构；调整泵轴摆动及对中。

（3）大修

包括中、小修内容；解体清洗检查、测定部件损坏情况，必要时修复或更换；检查泵轴及传动轴，校直或更换；修理或更换滑动轴承及滚动轴承；检查、修理或更换叶轮、调节机构，并做静平衡试验；修理或更换联铀器；机组调平、对中、调摆度及各部间隙；各受压部件作耐压试验；油漆防腐。

3. （1）变频器功率值与电动机功率值相当时最合适，以利变频器在高的效率值下运转。

（2）在变频器的功率分级与电动机功率分级不相同时，则变频器的功率要尽可能接近电动机的功率，但应略大于电动机的功率。

（3）当电动机处于频繁启动、制动工作或处于重载启动且较频繁工作时，可选取大一级的变频器，以利用变频器长期、安全地运行。

（4）经测试，电动机实际功率确实有富余，可以考虑选用功率小于电动机功率的变频器，但要注意瞬时峰值电流是否会造成过电流保护动作。

（5）当变频器与电动机功率不相同时，则必须相应调整节能程序的设置，以利达到较高的节能效果。

4. 维修通用变频器时，一般都需要遵照以下步骤进行：

（1）故障机受理，记录变频器型号、编码、用户等信息。

（2）变频器主电路检测维修。

（3）变频器控制电路检测维修。

（4）变频器上电检测，记录主控板参数。

（5）变频器整机带负载测试。

（6）故障原因分析总结，填写维修报告并存档。

5. 梯形图语言（LD）、指令表语言（IL）、功能模块语言（FBD）、顺序功能流程图语言（SFC）、结构化文本语言（ST）。

第 10 章　供水企业的节电技术

一、单选题

1. B　2. B　3. A　4. A　5. D　6. B　7. B　8. D　9. D　10. D

二、多选题

1. ABE　2. BCD　3. ABC　4. ABCDE　5. ABCD　6. ABC

三、判断题

1. √　2. ×　3. √　4. √　5. ×　6. √　7. √　8. ×　9. √　10. √
11. √　12. √　13. ×　14. ×　15. √　16. √　17. √　18. √　19. ×　20. √
21. ×　22. √　23. √　24. ×　25. ×　26. ×　27. ×　28. √　29. √　30. √

【解析】

2. 节约电量数＝（用电单耗指标－实际单耗指标）×计算供水量。

5. 三次变压的线损率应达到 7%。

8. 申请暂停时间每次不少于 15d，每一日历年暂停、减容期限累计时间不超过六个月。

13. 使用绕线电机可无级调速。

14. 电流型变频器调速范围在 0～100%。

19. 转子串电阻调速范围为 50%～100%。

21. 改接后的电动机的容量，应当大致等于电动机原铭牌容量的 38%～45%。

24. 全流量变化型水泵运行，一般说来，如果低流量运行时间较长，可以选择变频调速。

25. 电磁离合器节能效果中等。

26. 可控硅串级调速系统 50% 转速效率约为 0.83。

27. 节约用电数＝（去年同期用电单耗值－本期用电单耗值）×本期千立方米水量（kWh）。

四、简答题

1. (1) 减少变压次数：变压器和各种配电线路的损耗约占工厂变配电系统损耗的 95% 左右，一般每多一级变压，大约要多消耗 1%～2% 的有功功率。

(2) 减少变压器数量，提高单台变压器容量，根据系统内的用电负荷分布，设立若干独立的负荷集中区。

(3) 提高功率因数：根据需要设立分布式就地无功补偿设备，减少无功功率输入，减少线路损耗。据统计，功率因数从 0.7 提高到 0.95，线路损失可减少 46%。

(4) 均衡三相负荷：降低三相负荷电流的不平衡度，可减少中性线电流，减少电能损耗。

(5) 大型水泵机组采用变频调速系统，可大幅提高电动机的功率因数，可以减少无功补偿设备的使用，同时也能达到减少线路损耗的目的。

2. (1) 高次谐波的危害是多方面的，向电网输入谐波，实际上是对电源的污染，必然对其他用电设备造成危害。

(2) 造成旋转电机和变压器等用电设备的损耗增加，使之过热从而降低容量。

(3) 影响继电器特性，造成误动作。

(4) 使感应型仪表误差增大，降低准确性。

(5) 易造成电力电容器过负荷和损坏。

(6) 对自控装置各类传感器、通信造成严重干扰。

3. (1) 降低发电机有功功率输出，发电成本提高。

(2) 降低送、变电设施的能力。

(3) 使电网的损耗增加，浪费电能。

(4) 增大电网的电压损失，恶化运行调节。

4. 绕线式异步电动机的转子绕组，当启动完毕后，通入直流电流，使转子牵入同步，作为同步电动机运行，称为异步电动机同步化。

异步电动机实现同步化运行，可以使电动机的无功功率消耗减少，甚至可以向电网输送无功功率（容性），它是提高电网电压质量，改善功率因数的有效措施。电动机的负荷率愈低，容量愈大，同步化运行的经济效果愈显著。

第 11 章　机电维修安全技术

一、单选题

1. A　2. B　3. B　4. C　5. D　6. B　7. C　8. B　9. A　10. A
11. B　12. A　13. B　14. B　15. B　16. B　17. A　18. D　19. C　20. D
21. A　22. A　23. B　24. A　25. C　26. D　27. D　28. D　29. A　30. A
31. C　32. A　33. B　34. A　35. D

二、多选题

1. ABCDE　2. ABCD　3. ABCD　4. ACE　5. ABCDE　6. ABCDE
7. BD　8. ADE　9. BCD　10. ABC

三、判断题

1. √　2. ×　3. √　4. ×　5. √　6. ×　7. √　8. ×　9. √　10. ×
11. √　12. ×　13. ×　14. ×　15. √　16. ×　17. √　18. √　19. ×　20. ×
21. √　22. ×　23. √　24. √　25. ×

【解析】

2. 进行带电作业和在带电设备外壳上的工作应使用第二种工作票。

4. 工作票不得使用铅笔填写。

6. 一个工作负责人只能发给多张工作票。

8. 工作间断时，所有安全措施应保持原状。当天的工作间断后又继续工作时，无需再经许可；而对隔天之间的工作间断，在当天工作结束后应交回工作票，次日复工还应重新得到值班员许可。

10. 装设或拆除接地线必须由两人进行，一人监护，一人操作。

12. 金属燃气管道不可以作为接地极。

13. 在三相四线制系统的中性线上，不允许装设开关或熔断器。

14. 当电气装置发生对地短路故障后，离故障点的地或接地极的地越近，电位越高。

16. 在 TN 系统中，电源中性点进行工作接地后，电缆或架空线引入建筑物后也应当接地了。

18. 普通的医疗、化验用的手套不能代替绝缘手套。

19. 电气安全用具按其作用分为绝缘安全用具和一般防护安全用具。

20. 绝缘手套、绝缘靴的绝缘试验周期为 6 个月。

22. 用高压验电器验电时应当佩戴绝缘手套。

25. 采用电流型漏电保护器时，配电变压器中性点必须接地，零线上不得有重复接地。

四、简答题

1. （1）工作票制度；（2）工作许可制度；（3）工作监护制度；（4）工作间断、转移和终结制度。

2. 工作票是准许在电气设备上工作的书面命令，也是明确安全职责，向工作人员进行安全交底，履行工作许可手续，工作间断、转移和终结手续，并实施保证安全技术措施等的书面依据。因此，在电气设备上工作时，应按要求认真使用工作票或按命令执行。

3. （1）停电；（2）验电；（3）装设接地线；（4）悬挂标示牌和装设遮挡栏。

4. 使用前必须进行外观检查。其内容如下：

（1）安全用具是否符合规程要求，安全用具是否正常、清洁。有灰尘的要擦净，若有灰印的则不准使用。

（2）安全用具中的橡胶制品，如橡胶的绝缘手套、绝缘靴和绝缘垫，不允许有外伤、裂纹、气泡、毛刺和划痕。发现有问题的安全用具，应立即禁用并及时更换。

（3）安全用具特别是基本安全用具（绝缘棒、验电器等），是否适用于拟操作设备的电压等级，必须经核对无误。

使用中的要求：（1）无特殊防护装置的绝缘棒，不允许在下雨或下雪时在室外使用。

（2）潮湿天气的室外操作，不允许用无特殊防护的绝缘夹。

（3）橡胶绝缘手套应内衬一副线手套。

（4）使用绝缘台时，须放置在坚硬的地面上。

（5）用验电器时，应戴好橡胶绝缘手套，逐渐接近有电设备，各相分别进行。

第 12 章 安全管理制度及事故隐患的处理

一、单选题

1. B   2. D   3. A   4. A   5. A   6. D   7. A   8. C   9. C   10. B
11. C   12. B   13. B   14. C   15. D   16. A   17. B   18. A

二、多选题

1. ABCDE   2. ABC   3. ABCD   4. ACDE   5. ABCD   6. ABCDE

三、判断题

1. ×   2. √   3. ×   4. ×   5. √   6. ×   7. ×   8. ×

【解析】

1. 《中华人民共和国安全生产法》规定，从业人员发现直接危及人身安全的紧急情况时，有权停止作业或者在采取可能的应急措施后撤离作业场所。

3. 对从事接触职业病危害的作业的劳动者，用人单位应当按照国务院卫生行政部门的规定组织上岗前、在岗期间和离岗时的职业健康检查，并将检查结果书面告知劳动者。职业健康检查费用由用人单位承担。

4. 特种作业操作证有效期为 6 年，在全国范围内有效。

6. 生产经营单位应编制应急预案并组织演练。

7. 当发生漏氯事故时，人员应往上风口撤离。

8. 当某台正在运行的机组高压柜突然跳闸时，在没有查明原因之前，不得合闸。

四、简答题

1. （1）火灾事故隐患。

（2）中毒和窒息。

（3）泄漏（有毒气体泄漏）。

（4）触电（高压电）。

（5）坠落。

（6）泵房水倒灌、电缆沟进水。

（7）机电设备性能、参数严重下降。

2. 触电事故的方式主要可分为直接触电和间接触电两种。直接触电包括单相触电、两相触电、电弧放电触电；间接触电包括接触电压触电、跨步电压触电及其他形式触电。

泵站机电设备维修工(五级 初级工)理论知识试卷参考答案

一、单选题

1. A	2. B	3. B	4. A	5. C	6. D	7. D	8. D	9. B	10. A
11. B	12. B	13. A	14. B	15. D	16. C	17. A	18. B	19. C	20. C
21. B	22. B	23. D	24. A	25. A	26. C	27. A	28. C	29. B	30. A
31. B	32. C	33. C	34. A	35. D	36. A	37. C	38. C	39. C	40. A
41. B	42. D	43. C	44. D	45. C	46. B	47. C	48. D	49. A	50. D
51. D	52. A	53. D	54. C	55. D	56. D	57. A	58. C	59. C	60. A
61. B	62. C	63. B	64. B	65. D	66. D	67. B	68. C	69. C	70. A
71. D	72. D	73. B	74. C	75. C	76. D	77. D	78. C	79. C	80. D

二、判断题

1. √	2. √	3. ×	4. ×	5. ×	6. √	7. ×	8. √	9. √	10. √
11. ×	12. ×	13. √	14. ×	15. √	16. √	17. √	18. ×	19. √	20. ×

泵站机电设备维修工（四级 中级工）理论知识试卷参考答案

一、单选题

1. C	2. C	3. A	4. D	5. D	6. C	7. C	8. B	9. A	10. C
11. A	12. C	13. A	14. A	15. D	16. A	17. D	18. C	19. B	20. A
21. C	22. D	23. C	24. C	25. B	26. C	27. B	28. B	29. B	30. A
31. A	32. A	33. A	34. B	35. A	36. D	37. D	38. A	39. A	40. D
41. C	42. C	43. D	44. B	45. C	46. A	47. B	48. D	49. B	50. D
51. C	52. A	53. C	54. B	55. A	56. B	57. C	58. C	59. B	60. B
61. A	62. B	63. C	64. C	65. B	66. A	67. D	68. C	69. C	70. A
71. C	72. C	73. B	74. A	75. C	76. D	77. B	78. D	79. A	80. C

二、判断题

1. √	2. √	3. ×	4. ×	5. √	6. ×	7. √	8. √	9. √	10. √
11. ×	12. √	13. ×	14. √	15. ×	16. √	17. ×	18. √	19. ×	20. √

泵站机电设备维修工(三级 高级工)理论知识试卷参考答案

一、单选题

1. C 2. B 3. A 4. C 5. B 6. D 7. A 8. B 9. D 10. B
11. D 12. B 13. B 14. B 15. A 16. D 17. A 18. A 19. B 20. C
21. A 22. A 23. A 24. B 25. C 26. B 27. C 28. A 29. D 30. A
31. B 32. B 33. C 34. A 35. B 36. D 37. C 38. B 39. B 40. A
41. B 42. A 43. C 44. D 45. A 46. B 47. D 48. D 49. D 50. B
51. A 52. D 53. B 54. A 55. B 56. D 57. C 58. A 59. B 60. C

二、多选题

1. ABCD 2. ABC 3. ABCDE 4. ABCDE 5. ABDE 6. BCDE
7. ABDE 8. ABD 9. AB 10. ABCE

三、判断题

1. × 2. √ 3. × 4. × 5. × 6. √ 7. √ 8. × 9. √ 10. ×
11. √ 12. × 13. √ 14. × 15. √ 16. √ 17. √ 18. × 19. √ 20. ×